U0301555

先锋空间 编
名筑图书 策划

创意园 + 工业风

先锋空间 编
名筑图书 策划

中国林业出版社

序言

工业风格最早起源于废旧工厂的改造，二十世纪五十年代一批欧美艺术家门通过对于废弃不用的工厂进行简单的改造，将其变成他们进行创作兼居住的地方。后来这种颓废、冷酷又带有艺术性的风格就演变成了工业风格装修。早在 20 世纪八九十年代，工业风设计就曾在中国大陆流行过，而今随着时代的变迁，酷感十足又简约硬朗的工业风再度流行，特别是在一些强调个性的办公空间以及餐馆、咖啡厅的设计中更被广泛采用。

工业风格运用在办公空间中对于当下的我们已经并不陌生，无论企业的大小，从知名的谷歌、Facebook、Uber 等大公司，到国内很多追求个性的中小型公司、事务所都通过工业风来营造更自由人性化的办公场所。工业风格办公首先满足裸露空间的开阔感，并且通过原始、老旧或廉价材质的使用，减少繁琐的工艺，营造出一种豪放且自由，却又非常具有创新意识的空间。我们常常能看到在空间中游走的裸露管线、黑白灰、跳色、撞色的色彩。水泥、砖墙、金属等材质的强烈的表达欲、涂鸦、霓虹灯以及干净利落的线条、塑胶或铁艺网架等工业风设计元素，这种不存在界限感的风格更容易令人放下戒备，释放自身的能量，从而带来高效活力的办公氛围。

本书精选了国内外知名的工业风创意园改造及办公空间作品近 50 例，主要为大中型的办公空间。相信通过阅读，能够了解这些独具魅力的大公司是如何打造个性工业风的办公氛围，他们的员工又是如何愉悦的工作。案例侧重从工业风办公空间的材料运用、空间布局、元素配饰选择、家具搭配、色彩运用等方面，全面解析工业风格设计要素在办公项目中的改良与创新运用技巧。不论你是设计师，还是院校学生，亦或是空间环境有追求的业主，都能在书中有所收获。书中时尚现代的工业风办公场所设计，极具创新的空间，将为你展开一场多元化空间感知的盛宴。

目录

文创办公空间

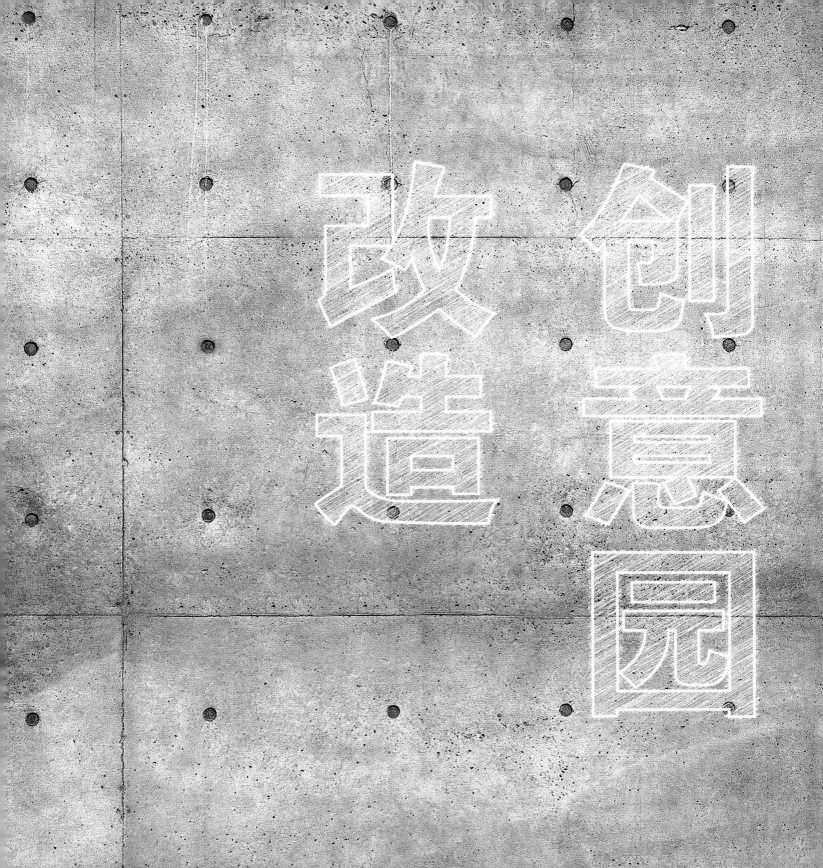

創意意園

改造道

思微 6.0

主要材料
木质板材、黑色油漆、清玻璃、黑铁

众创空间

这个项目选址在深圳市北面龙华老工业区一个工业建筑的顶层和屋顶阁楼，这里被改造成一个联合办公空间，包含了 15 个办公室、50 个开放式固定工位，和一系列共享的讨论室、水吧和沙龙区。

项目地点：中国广东省深圳市坂田
万科星火天枢仓 4-5 层
项目面积：2100 平方米
设计机构：一十一建筑
设计团队：Fujimori Ryo 谢菁
罗明钢 杨剑铀
摄影师：张超建筑摄影工作室

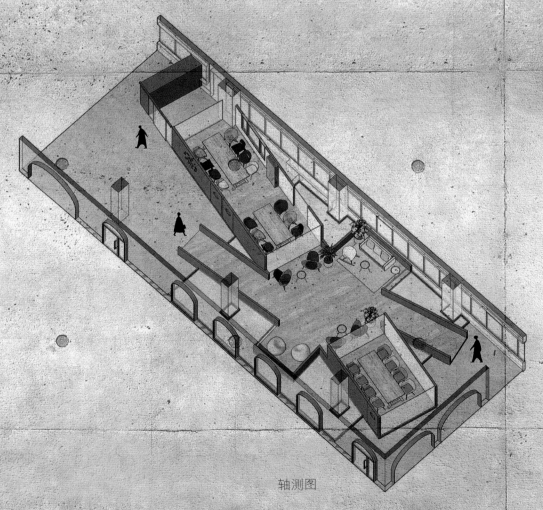

轴测图

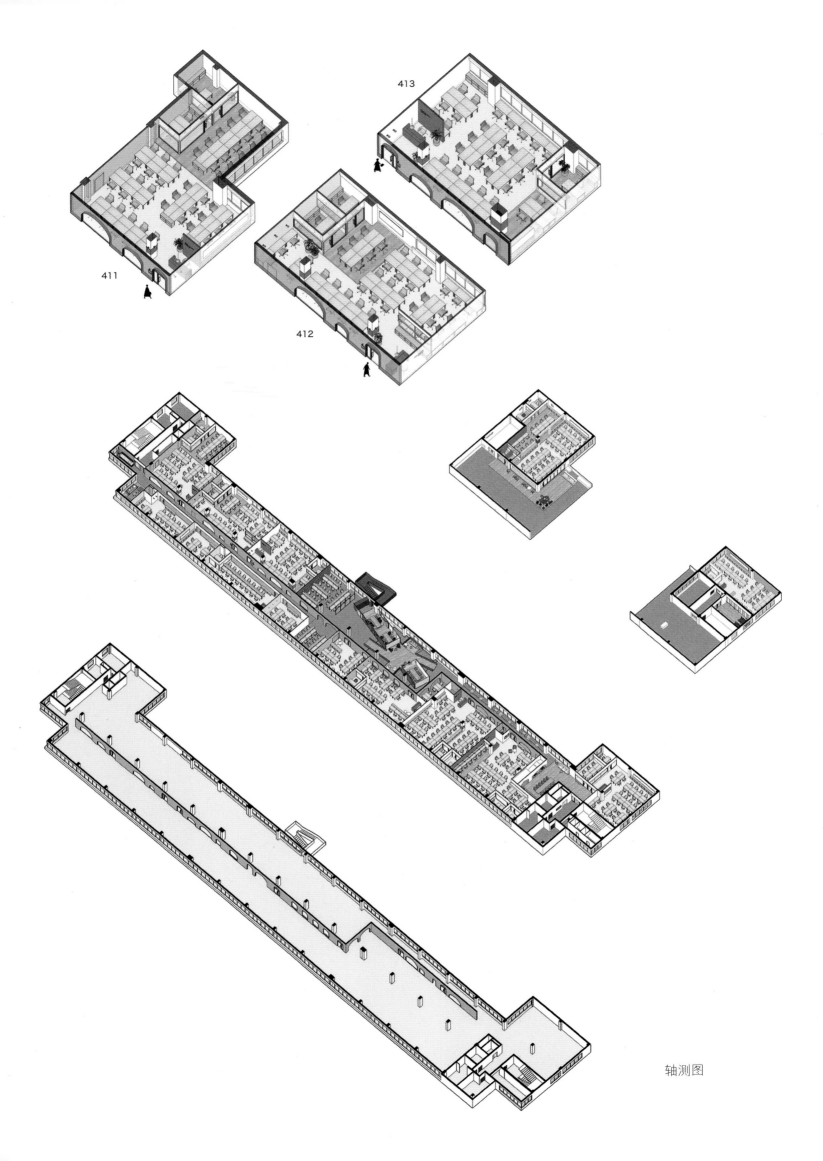

413

411

412

轴测图

设计说明

办公环境常常被描述成人们坐在千篇一律的空间里，在整齐划一的办公桌前工作的画面。我们不支持这种快销性的单一沉闷的办公环境，希望能为每个办公空间提供针对不同场地条件、与众不同的办公环境。这个场地有着工业建筑常见的简单大平面和规则柱网，但也有其自身的特点，就是面宽长达 120m，而进深仅有 15m。这种狭长的线性空间使得这个项目变得独特，同时要求设计者仔细考虑如何为贯穿长边的流线带来愉快的空间体验，避免沉闷无聊。这个问题的解答是将主要的通道设计成城市中的景观街道，一系列丰富多变的空间像拼贴一样沿着街道展开，这种空间复杂性带来了愉快的游走体验。

一片有很多拱形洞口的长墙贯穿整个空间，这片墙厚20cm，比普通隔墙要厚很多；它在视觉上的厚重敦实与普通隔墙的轻薄形成对比，加强了"构筑物"的存在感。墙上大小不同的拱形开洞无规则地沿长边排布，这些细节的表现增强了景观墙沿街的视觉动态效果，也强化了墙和所在场地的独特个性。从整体上看，这片墙就像古罗马的高架引水渠遗迹。长而高大的古代水桥矗立在城市中，它与周围精巧房屋形成对比的雄伟造型，它的原始材料和拱形结构所带来的原真性，以及它在此地存在的久远年代，给人以强烈存在的印象。我们理解古罗马高架渠的印象，并有意地在我们的设计的内涵中包含了这一印象。

这个项目一共有 15 间办公室，从最小的 6 人间到最大的 60 人间。按照要求每间办公室都配齐了所有家具并随时可以供租客入驻办公。当设计这些办公室时，我们设想了将在这里面工作的人的活动和空间经验。它们不是简单重复的办公室，而是各具特色与众不同；它们有着不同的形状和尺寸，面向街道和户外景观的空间关系也各不相同，而办公桌也设计为组团的形式并与之相呼应。

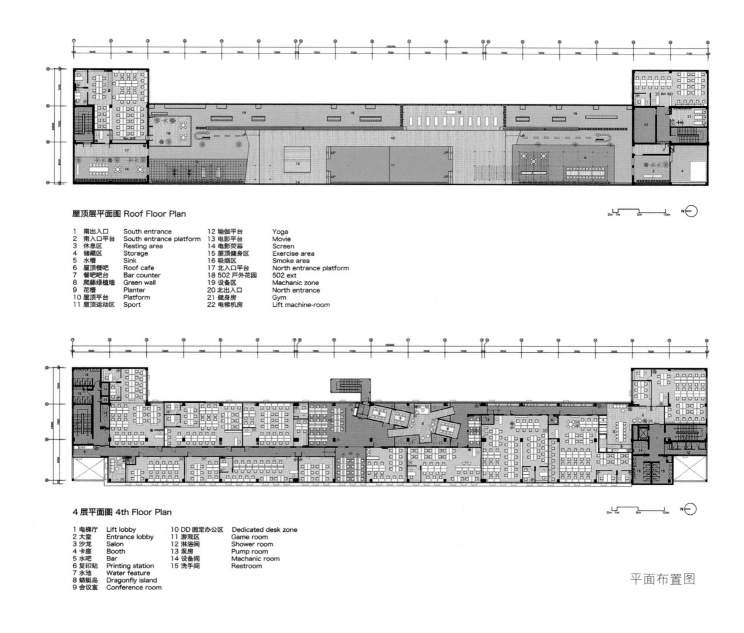

屋顶层平面图 Roof Floor Plan

1	南出入口	South entrance	12	瑜伽平台	Yoga
2	南入口平台	South entrance platform	13	电影平台	Movie
3	休息区	Resting area	14	电影荧幕	Screen
4	储藏区	Storage	15	屋顶健身区	Exercise area
5	水槽	Sink	16	吸烟区	Smoke area
6	屋顶餐吧	Roof cafe	17	北入口平台	North entrance platform
7	餐吧吧台	Bar counter	18	502 户外花园	502 ext
8	爬藤绿植墙	Green wall	19	设备区	Machanic zone
9	花槽	Planter	20	北出入口	North entrance
10	屋顶平台	Platform	21	健身房	Gym
11	屋顶运动区	Sport	22	电梯机房	Lift machine-room

4 层平面图 4th Floor Plan

1	电梯厅	Lift lobby	10	DD 固定办公区	Dedicated desk zone
2	大堂	Entrance lobby	11	游戏区	Game room
3	沙龙	Salon	12	淋浴间	Shower room
4	卡座	Booth	13	泵房	Pump room
5	水吧	Bar	14	设备间	Machanic room
6	复印站	Printing station	15	洗手间	Restroom
7	水池	Water feature			
8	蜻蜓岛	Dragonfly island			
9	会议室	Conference room			

平面布置图

材料运用

多拱形洞口的长墙以木板包覆，木板与墙的长边成角度斜铺。部分墙体被油漆成黑色，表面不表现任何材质纹理，这种抽象性使它从周围裸露的混凝土结构柱以及木材质感的景观长墙等元素中独立出来，获得轻盈漂浮的放松感觉，营造休闲的氛围。

空间规划

这个项目最鲜明的设计元素是一片有很多拱形洞口的长墙。长墙延伸贯穿场地，呼应了场地狭长的特色，并创造了街道，广场，小型口袋空间等公共空间。抬高的平台，由三间讨论室和一个休闲沙龙组成，设计团队希望设计一个与周围环境脱离的独立体量，从而提供一个远离办公区的休闲场所。它被赋予了类似蜻蜓的平面造型，并放置在一个开放空间的水面上，同时从这个工业建筑框架主导的办公空间中分离开来。

思微 7.0

主要材料

旧拼接木板、清水混凝土、清玻璃、黑铁

众创空间

人的一生有三分之一的时间是在工作，有人说生活着，而不是活着。能够拥有一份喜欢的工作，在良好的办公环境和愉快的合作氛围中共同进步，也是生活的幸事。本案思微 7.0 联合办公空间，就是这样的理想化办公空间。空间引用沉稳冷静的现代工业风，给人带来不一样的办公体验。

项目地点：中国广东省深圳市

项目面积：1200 平方米

设计机构：深圳市超级番茄设计顾问
有限公司

摄影师：白羽

设计说明

前台入口处区域由水泥及旧木板组成,自然习性的木质椅与色彩鲜艳的皮质座椅搭配,思维跳跃的同时呈现出空间的层次感;悬空的高帽吊灯给人带来友好的被重视感。

除此之外,会议区采用折叠屏障,既可以将大的会议室一分为二,人多时又可以将两个会议区合并使用。

空间规划

整个空间的局部如街道一般,房屋坐落,动线流畅,让人感觉井然有序的严谨的同时,又不乏生活气息。水吧前的休息区域高低错落,融入水景设计,使置身其中的人真正达到身体与心灵合一的轻松惬意。办公区和会议室打造成一个个风格迥异的小房子,相比传统格子间要更具趣味性,同时给专心工作的员工提供安静、独立的工作环境。休息区则是分为开放式和半开放式,中间用一条通道分隔开来,同事之间闲暇时可以在此闲聚拉近彼此距离,也可以独享一隅,享受安静的个人时光。专门的健身房设计鼓励员工在努力工作之余,也应该注重身体健康,享受运动带来的乐趣。

材料运用

前台入口处区域由水泥及旧木板组成，自然习性的木质椅与色彩鲜艳的皮质座椅搭配，思维跳跃的同时呈现出空间地层次感。水吧区为房屋式造型设计，引自日常生活息息相关的城市街道；办公室及会议区域与过道之间采用水帘和渐变玻璃隔离，使每个空间独立的同时又不完全与外隔绝。

采光照明

项目餐饮区及娱乐区之间采用渐变玻璃进行隔断，渐变的层次感，透明化的视觉一改沉闷的办公氛围。这样的设计让员工既能既拥有独立办公的空间，又可以在休息时段享受阳光，还能与同事交流，拉近彼此的距离。前台区悬空的高帽吊灯搭配一侧均匀悬挂的吊灯，于无形之间界分场域。阅览区悬梁上的吊灯为阅读学习提供主要光线，四周巧搭的射灯及沙发背景墙两盏对称分布的壁灯，让人在柔和的光线之中沉溺于阅读时光。

家具搭配

入口处两套桌椅设计，让前来拜访的客户有一个等待或者洽谈的空间，各色皮椅与木椅的搭配，不动声色地提升格调又不乏随和感。过道另一侧的茶水间采用吧台设计，为空间更添亲和感。休息区的长型木桌背靠大面窗户，搭配线织木椅，为员工提供一个舒适的阅读环境。随处可见的书架则展现出公司良好的文化氛围。

凹空间文创

主要材料
水泥自流平、金属网天花、木纹转印铝板、大理石、混凝土装饰板等

产业孵化中心

云中俯瞰，ZODIAC-ALL INN【凹空间】座落于北京的东南角北纬39°，东经116°，一栋建于上世纪80年代的新式联栋厂房里。

北临中国传媒大学，西邻中国油画院，东近珍贝奥特莱斯商业中心，南环1500亩森林公园。距CCTV、人民日报、国贸CBD仅10—20分钟车程；地铁传媒大学站距园区北侧直线距离不到800米。

项目地点：中国北京市

项目面积：2500 平方米

设计机构：CCDI 朴智室内设计

设计师：李秩宇、侯守国、浦玉珍、薛俊、张可嘉、李海涛、李云、杨彦铃

摄影师：鲁飞、任恩彬

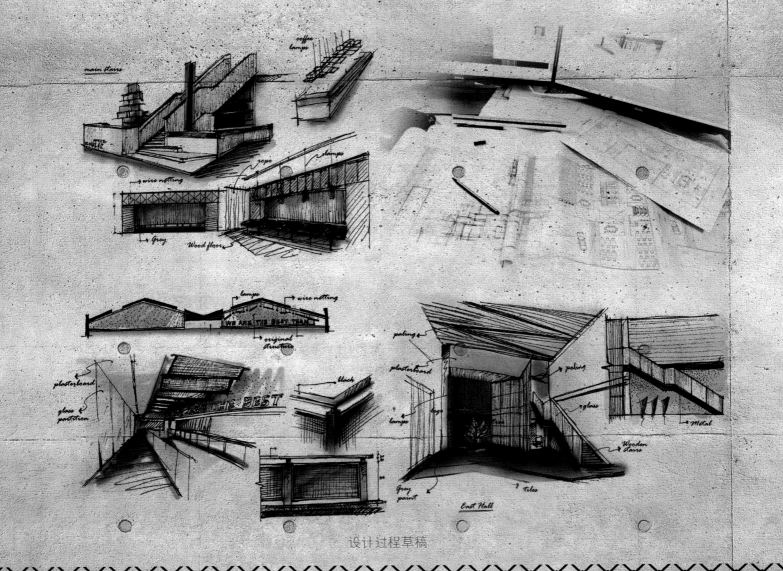

设计过程草稿

原建筑空间和改造过程

设计说明

从村野乡间到红砖厂房，再到文创园区，走过农耕文明，历经工业革命，又迎来新兴产业经济浪潮。老厂房具有最高 9 米的超高纵深，巨大的顶穹撑起改革开放的经济脊梁，也将为下一个时代的转变铺垫了不俗的基调。对于这样一个有故事的地方，灰黄的老照片已不能担负起空间功能的转变重任。

公元 2016，恰逢天时，地利，人和，它的命运被交付于一个年轻的群体，ALL INN 拔地初创。作为聚焦文创产业的孵化样版，帝都东方的地平线上，将平升一座文创产业圣域，成为 CBD 中央商务区东扩的新地标。

为了兼具国际化视野与本土文化内涵，内置在工业厂房中的 ALL INN 成为一项极富挑战性的空间再造工程。为此，朴智室内设计与各方团队协同并进，联合 21 位九大领域资历非凡的设计师、工程师集结北京，组成专家团队，共同参与到这个不可思议的项目中。

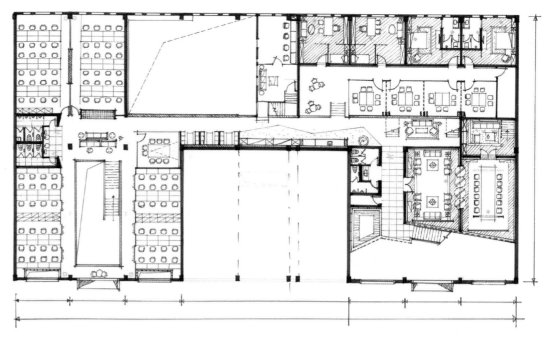

二层平面布局

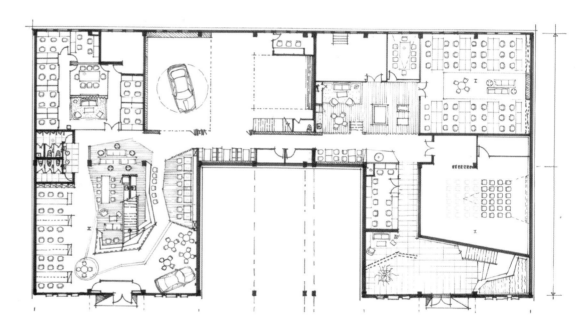

一层平面布局

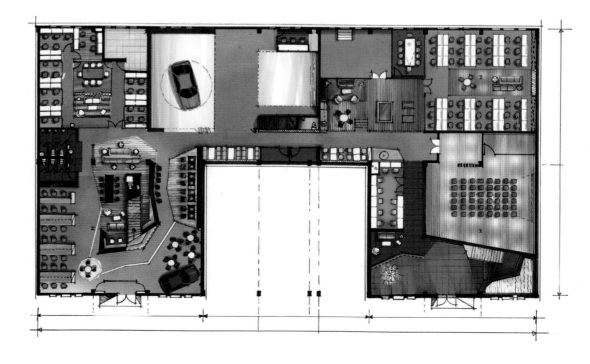

空间规划

这座建筑，因其独到的中式围合型庭院空间结构，被定名为"凹"。设计团队将建筑天然围合出的空间加以完善，由周边向内心收敛，塑造出一种增进交流的凹形气场，生机冉冉。入口处的楼梯将空间一分为二，楼梯的入口造型巧妙的隔离出茶水间的空间。上下两层的"回"型构造带来良好的视野和空气流通环境。会所入口处，荷塘的设计让空间焕发生机。

材料运用

该项目上下层空间进行分层设计，采用的砖墙、水泥墙面、水泥自流平地面具备超强抗震能力，赋予空间十足的后现代工业范。黑色钢架结构搭配金属网，提升了空间的安全度与牢靠度，塑造了硬朗的空间性格。管线不刻意隐藏，并将它灵活转化为空间的视觉元素，营造出工业风的冷冽感。

软装配色

老厂房曾是京城著名的国营工业老厂聚集区,典型的德国包豪斯建筑风格。水泥地面、墙面的灰色调及红色裸砖墙设计还原了人们对于旧厂房的记忆,而楼梯的暖木色则为空间注入温暖。休闲走廊突破冷色调的包围,大胆采用明黄色,打造出开放、天然的社交空间,让每个人在工作中受益不少。

天津猪八戒网

主要材料
欧松板、拉伸铝网、清水混凝土

创意工厂

天津龙悦国际酒店位于天津市红桥区咸阳路，持续毛坯烂尾状态十年。这次改造涉及酒店一二层的所有空间，面积5000平米左右。officePROJECT受邀将原有酒店大堂，餐厅厨房等布局改造为众创空间可以利用的模式。15天的时间，从概念设计、各设备专业施工图完成到30天时间施工完毕，这是一次超常规的设计体验，充分反映了当今互联网资本的发展速度和中国当下改造设计的一种常态。

项目地点：天津市
设计公司：普罗建筑
主设计师：常可 李汶翰
设计团队：张昊 赵建伟
陈诗萌（驻场）兰凯霏 崔岚
摄影师：孙海霆

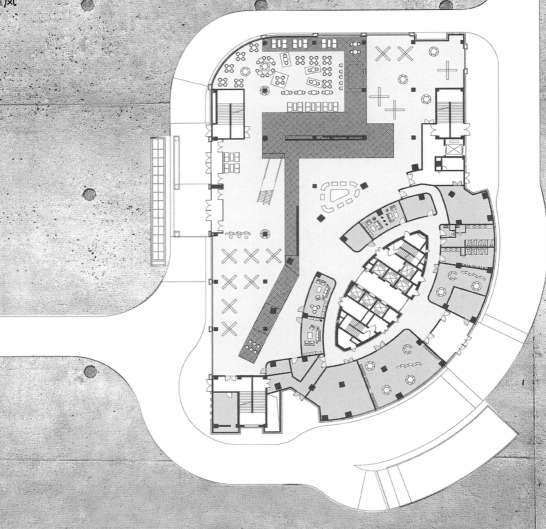

平面布置图

游，观，围，折，望，穿，环。这些空间装置阐释了一些基本的空间体验方式。将这些不同的复杂体验交织在一起，形成了真实的"交叉小径的花园"。如果时间可以像空间那样在一个个节点上开岔，就会诞生"一张各种时间互相接近、相交或长期不相干的网"。在博尔赫斯的小说中，时间有时是无限的，有时又是周而复始、循环不已的。《小径分岔的花园》的主人公选择了所有的可能性，这样就产生许多不同的后世，许多不同的时间。这其实就像是如今的互联网，线上的体验已经模糊了时间和空间，所有的行为都在同时发生着。空间设计通过这种方式表达了线上和线下的一种呼应，即如何在真实空间中表现出互联的世界。

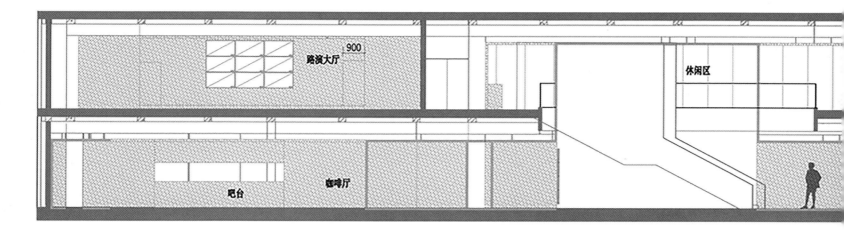

剖面示意图

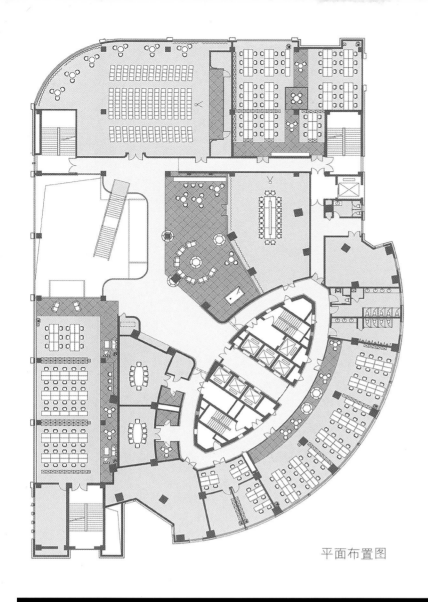

平面布置图

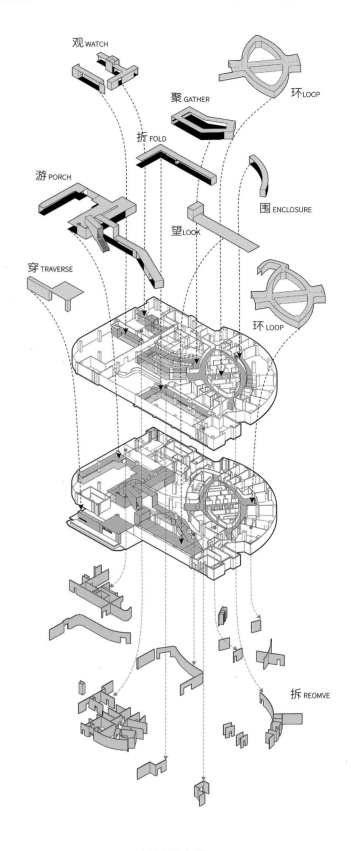

空间规划

通过对场地的实际勘察，设计师试图捕捉场地的特质。整个空间比较高大通透，空敞的毛坯感赋予空间一种迷人的特质与兴奋感，这种空间特质被保留并得到新的展现，通过植入几组不同的空间装置，设计师在空间中设定了不同的路径和体验方式。通过这些路径，人们可以与原始的空间进行另一角度的交流与互动，同时也让人们关注到原始空间的气氛和神秘感。穿过这些交叉的小径空间，人们开始相遇和观察，形成了一个不同位置和时间的观察网络。不同的行为被鼓励发生，对空间探索的欲望成为空间创意生产的原始动力。

观 WATCH

环 LOOP

聚 GATHER

拆 FOLD

游 PORCH

望 LOOK

围 ENCLOSURE

穿 TRAVERSE

环 LOOP

拆 REOMVE

设计概念图

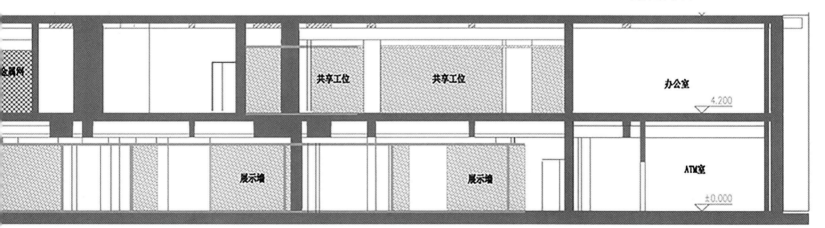

共享工位　共享工位　办公室　4.200

展示墙　展示墙　ATM室　±0.000

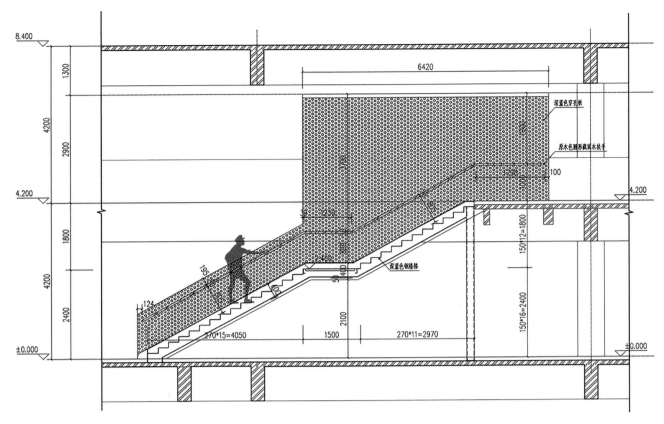

部分楼梯详图 Partal Stair Details

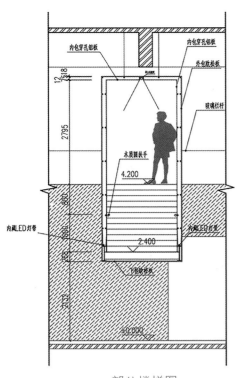

部分楼梯图

材料运用

整个空间主要运用了两种不同的材质，即欧松板和拉伸铝网。这两种材质和原始空间形成了两种差异化的互动，欧松板轻柔细腻，衬托出混凝土空间的原始粗犷；而拉伸铝网则比混凝土更加冷峻光滑，它暗示了混凝土厚实丰润的物质性。藉由欧松板、拉伸铝网以及混凝土三种材质之间的互动关联，场所的熟悉感被不断打破。

WE + 空间

主要材料
艺术树脂、清水漆、橡木、黑钢、铝板等

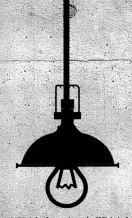

体验中心

Wieden+Kennedy（W+K）是一家独立的以创意为主导的传播公司，致力于用创意为优秀品牌与其消费者之间建立强大而有张力的关系。W+K 上海办公室自 2005 年建立起，为耐克、喜力、百威英博、蒂芙尼、菲亚特、陌陌等多个品牌创意出脍炙人口的佳作。作为 Dariel Studio 室内设计事务所的首席设计师和创始人，来自法国的 Thomas Dariel 先生与 Wieden+Kennedy 的创意总监 Yang YEO 先生携手为该室内整体空间进行定制化设计，结合空间本身的结构特点与使用功能性结合统一，为 W+K 团队带来全新的工作感受。

项目地点：河南郑州市
设计公司：郑州几何空间设计机构
主要设计师：王宥澄 郭靖
项目面积：2000 平方米
摄影师：珊珊

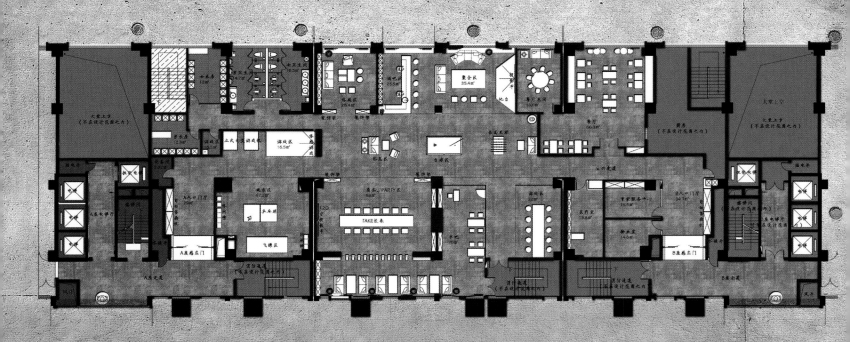

体验区平面彩平

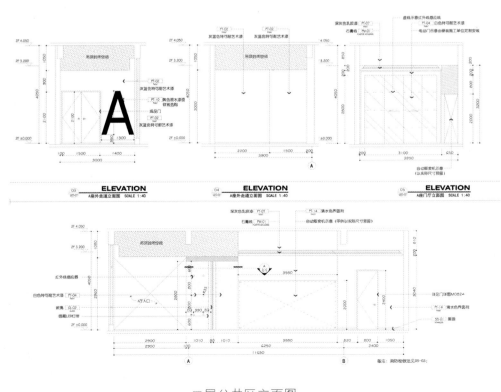

二层公共区立面图

主入口位于一层内院，沉稳的黑色烤漆钢板与木板元素巧妙搭配，丰富的材质肌理和图形设计，于平衡之中处处散发着创意和精彩的细节。宽木板将整个立面分成了上下两个部分，上部保留了原有的白色墙砖的立面设计，与下部黑色烤漆钢板，形成了强烈的视觉对比。整个地面选择的浅灰色凸显质感的花岗岩，营造出低调而不张扬之感。

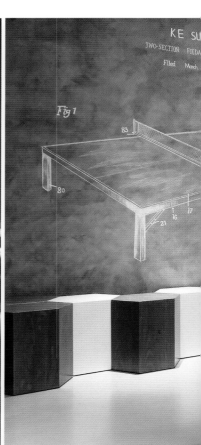

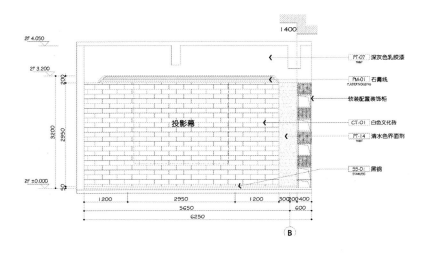

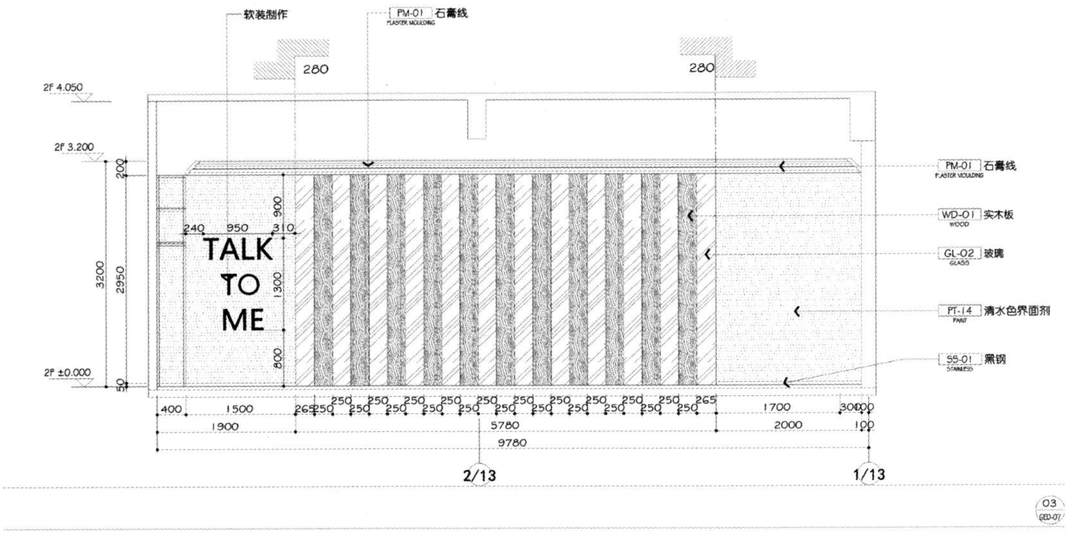

设计说明 (top-left drawing labels)

软装制作
PM-01 石膏线 PLASTER MOULDING
280
280
2F 4.050
2F 3.200
200
900
310
240 950
3200 2950
1300
TALK TO ME
800
2F ±0.000
50
400 1500
1900
265 250 250 250 250 250 250 250 250 250 250 265
5780
9780
1700
2000
30000
100

PM-01 石膏线 PLASTER MOULDING
WD-01 实木板 WOOD
GL-02 玻璃 GLASS
PT-14 清水色界面剂 PAINT
SS-01 黑钢 STAINLESS

2/13   1/13

03 GD-07

设计说明

设计师巧妙地选用 "树" 为空间主题，传达出生生不息的创造力和执着创意的专注力，与 W+K 所倡导的公司『作品至上』的核心理念完美融合。设计师花了一些心思在挖掘空间原有的美感和特性，如利用现存的开放式楼梯巧妙串联上下各层空间：水平与垂直的木板灵动有序地拼接，穿插，自然延展至不同楼层间的区域，宛如树的主干生长出的枝干，也如同不断发散的创意和灵感，并体现出现代和优雅质感。

(second drawing)

1400
2F 4.050
2F 3.200
200
3200 2950
投影幕
2F ±0.000
50
1200 2950 1200 300 200 400
5650
6250
600

PT-07 深灰色乳胶漆 PAINT
PM-01 石膏线 PLASTER MOULDING
软装配置装饰柜
CT-01 白色文化砖
PT-14 清水色界面剂 PAINT
SS-01 黑钢 STAINLESS

B

(third drawing)

PT-14 清水色界面剂 PAINT
WD-03 CH1700 实木条
J SS-01
2F 4.050
2F 3.200
200
3200 3000
公共空间
软装选购装饰柜
2F ±0.000
50
100 550 1400
5350
9680
5930
1400 400

PM-01 石膏线 PLASTER MOULDING
WD-01 实木板 WOOD
PT-14 清水色界面剂 PAINT

1/13   2/13

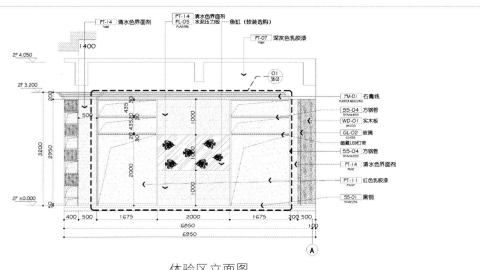

(fourth drawing - 体验区立面图)

PT-14 清水色界面剂 PAINT
PT-14 清水色界面剂 PL-05 水泥压力板 PLASTER
鱼缸（软装选购）
PT-07 深灰色乳胶漆 PAINT
1400
2F 3.200
200
500
435
435
3200 2950
1000
2000
1000
2F ±0.000
50
400 500 1675
6650
6950
1675 200 500
100

PM-01 石膏线 PLASTER MOULDING
SS-04 方钢管
WD-01 实木板 WOOD
GL-02 玻璃 GLASS
暗藏LED灯带
SS-01 方钢管
PT-14 清水色界面剂 PAINT
PT-11 红色乳胶漆 PAINT
SS-01 黑钢 STAINLESS

O SS-01

A

体验区立面图

灯饰照明

办公室餐吧位于走廊的尽头，设计师别出心裁的利用小木方块的斜向搭筑组成了一面"木砖墙"，灯光投射其上，斑驳而富于层次，为用餐空间的添加了别样风情。健身房则通过色彩与灯光给予空间有机而柔软感觉，从而使客户在其中感受到舒适与健康。该项目的屋顶露台作为项目独具特色的空间之一，大理石半圆脚吧台下方安装了 LED 灯，配以上海之夜尤为醉人。

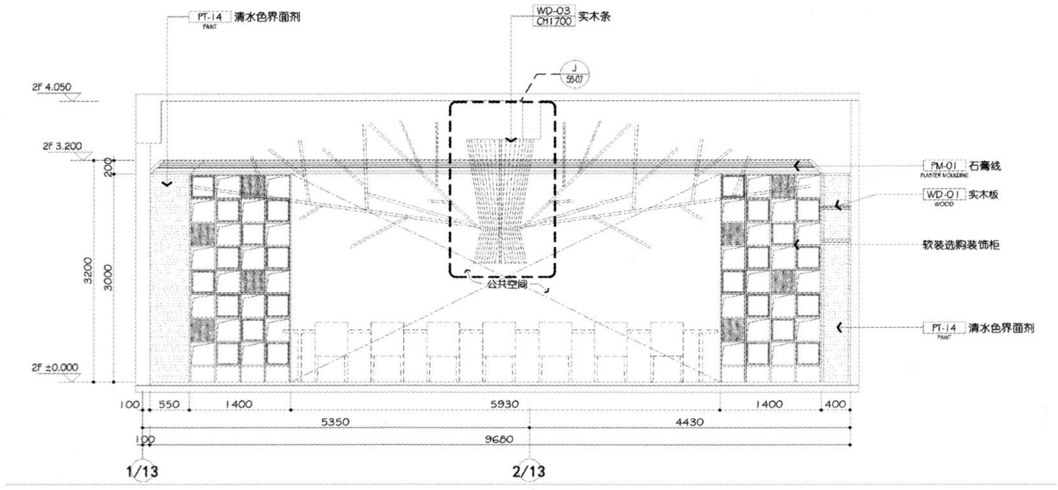

空间规划

二层的接待区仿佛别有洞天，整片区域被打造成一个半开放的木盒子空间，有"异想天开"之感。盒子侧面与顶面设计的两扇小开窗连接了内外的空间与视觉交流，雪花白大理石和有质感的浅色木纹饰面营造出柔和而轻松的氛围，而接待台一侧的云朵飞行台灯更让人感觉仿佛摆脱了地心引力，可以自由而不设限的发挥想象。

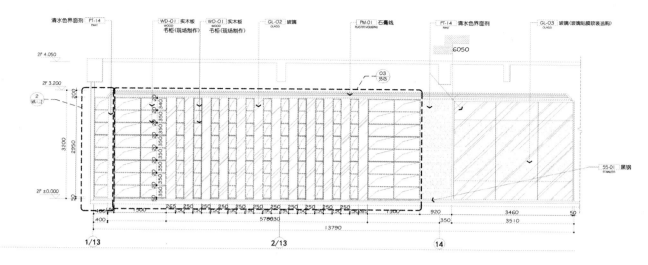

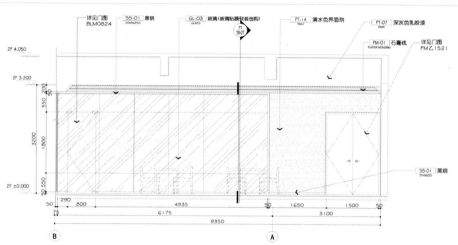

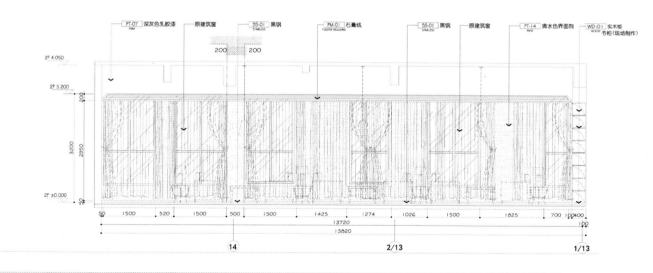

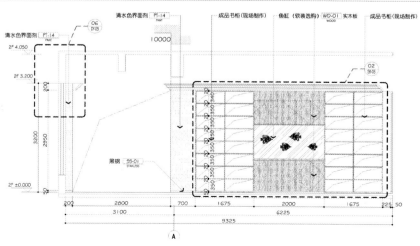

书吧立面图

软装配色

会议室中大面积的绿色几何形拼接地毯与木质地板巧妙组合，并自然衍生至墙面，点亮了简单优雅的浅蓝色墙面，打破会议室的沉闷紧张之感。木色长条形会议桌与整个办公空间主视觉一致，并与悬浮于半空的置物柜交相呼应。洽谈区，tiffany蓝的椅子和灰色调搭配，营造了宁静安逸的空间氛围，透视人与自然间的和谐共生。

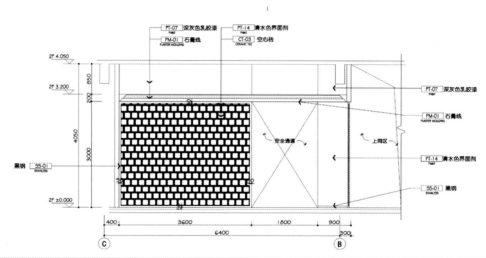

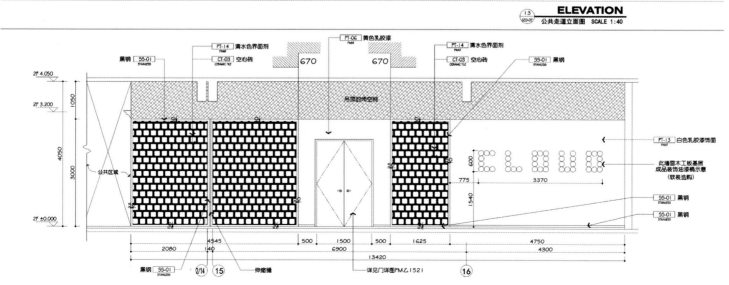

三层公共区立面图

墨尔本多功能
共享办公空间

主要材料
木材、清玻璃、混凝土、
彩色瓷砖

项目地点：澳大利亚墨尔本
设计公司：Siren Design
项目面积：1500 平方米

创造多样灵活空间，打造舒适工作氛围。

Commons 指定 Siren Design 事务所在南墨尔本设计了一个三层的合作办公空间，项目要求保证空间的创造性，以激发人的工作效率，并通过天然元素的现代化融入手法，使空间更有益于身体健康。平面布局有意增强空间之间的关系，实现空间中的各种交流与互动。

格栅木质天花为室内引入大自然的淳朴气息，木条的走线藉由射灯、灯带等不同灯饰的位置设定而产生不同的花样造型。天花与收纳柜相隔之间，设计师特意种植上绿意盎然的植株，并与墙面的挂花盆栽形成呼应，为室内注入勃勃生机。设计师还在办公区的办公桌开孔，留出一方位置让大型树木穿插而出，让工作人员在室内也能尽情地融入到大自然中。

空间规划

空间可使用功能空间包括三个室外露台、瑜伽馆、单车室、浴室和图书馆，同时还设置了各种形式的办公区，包括开放式专用工作空间，各种尺寸的私人办公室、静音室以及一系列正式的、非正式的会客厅，以满足不同的商业和功能性需求。厨房成为社交活动的中心，多种形式的座椅和躺椅则分列于厨房区域，同时还配有乒乓球台、游戏台以及不可或缺的啤酒和苹果酒。

东四·共享际

主要材料
清玻璃、黑钢、合成板材、瓷砖

联合办公

项目地点：北京市东城区
设计公司： 大观建筑设计事务所
建筑面积：2200 平方米

东四·共享际位于北京二环里的胡同区域，项目本身为一个废弃的酱油厂，周边被北京老城区典型的灰色坡屋顶瓦房老建筑包围，沿着一条很窄的胡同巷子，不远处是段祺瑞总理府，而项目隔壁就是一些在这里居住了几十年的老居民。共享际是在一个老社区里的创新的空间产品，共享际的产品团队和设计建筑事务所共同研究人对空间、社群对空间的生活需求属性，来提供设计输入条件。业主运营团队和设计师的深层次全面沟通保证了产品内容和日后的互动关系与空间完美的结合。

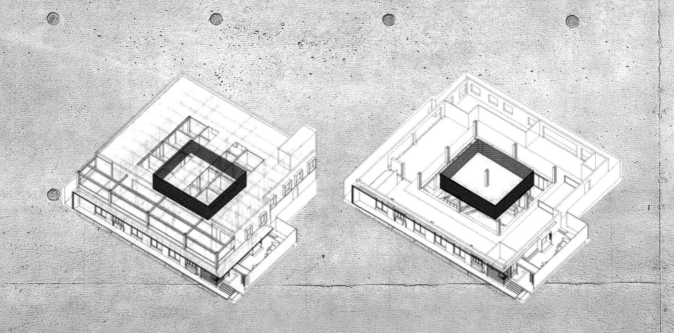

设计概念图

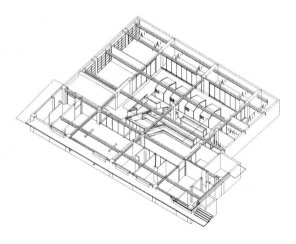

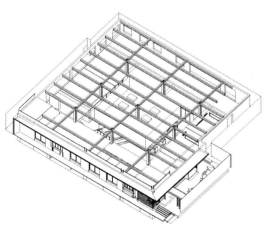

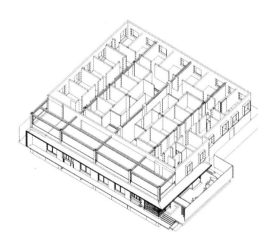

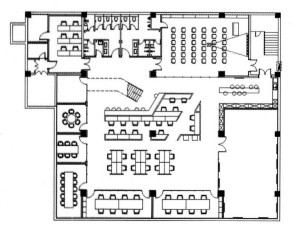

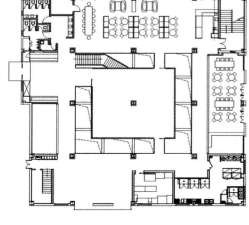

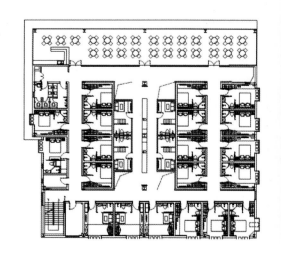

负一层平面布置图　　　　　　　　　　一层平面布置图　　　　　　　　　　二层平面布置图

设计说明

共享际整体面积虽然比较小，但是功能业态比较齐全，含有餐饮、书店、超市、办公和公寓等。胡同里的外立面设计是一项非常具有挑战的部分，在不违背胡同大环境灰色色调的基础上，把很多瓦片摆起来形成局部的墙体，自然地和胡同融合为一体。"漂浮"的展览空间和保留的老梁，增加了共享际的历史记忆。

从首层进入地下联合办公空间，如同进入一个通亮的另外一个世界。乒乓球桌既可以作为娱乐使用，也可以平时兼做灵活办公工位。为运动跑者提供存包、淋浴、运动补给等一系列专业服务，方便更多运动爱好者在这个最具有京味儿的胡同区域锻炼和休息。

空间规划

项目的设计理念来源于老北京四合院的院落围合文化，设计师通过切割楼板形成的"浮游之岛"，用现代手法来阐述传统建筑文化观点。内部空间切割出一个通透的中心展示空间成为了支撑整个项目最大的特点，一个月一百场活动让"浮游之岛"成为使用效率最高的区域。改造之前的建筑由于每层都是封闭的，光线不理想，视觉效果单调，设计师切除了每层之间的楼板，让地下一层到屋顶所有楼层联通，再从屋顶引入光线，增加空间的层次感。同时，天井又是一个很好的广告或艺术装置展示区，为整个空间增加了灵活性及创造性。

灯饰照明

地下开敞联合办公顶部采用了满铺的白色灯膜，让首层的展览活动空间如同漂浮在空中，也成为了整个项目的视觉中心。首层沿着展览空间围成一圈的白色亮光连接了首层所有的木地板商业区域，形成明显的公共和商家空间区别。

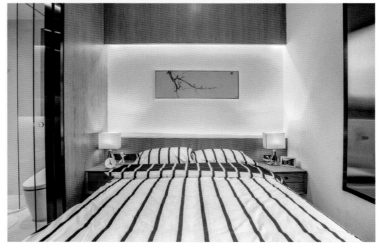

米川工作室

主要材料
锈蚀钢板饰面、原木、无框玻璃

办公改造

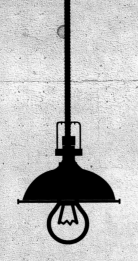

这是一个为自己工作室设计改造的小项目，也是当下城市更新课题研究中的一个小案例。在有限的成本控制下解决问题，是这个项目自始至终的关键，而对朴素、自然的"贫士美学主义"的追求，也是我们一直以来的理想。

项目地点：中国上海市

项目面积：260 平方米（室内）

设计机构：水石设计 • 米川工作室

主持建筑师：徐晋巍

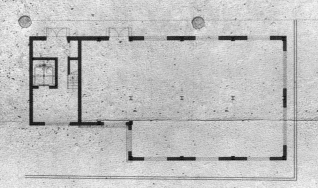

原有平面图

1 室外平台　　7 讨论区
2 石院　　　　8 办公室
3 门厅　　　　9 阅览室
4 茶水间　　10 悬空平台
5 会议室　　11 竹院
6 办公区　　12 光井

0 1m 2m   N

总平面图

空间规划

本案室内空间根据功能分为会议接待、开放办公和独立办公三个区域，三个区域用一条公共走道串联。三个区域又分别增加了木饰面表皮的茶水间、讨论区和阅览区，且都抬高地坪，使得三个空间就像悬浮在建筑内部的三个木头盒子，形成公共轴上的三处共享空间，成为整案最重要、最亮眼的节点空间。

设计现状：消极而难以利用的空间

项目位于古宜路 188 园区南向的 2 号楼 1 层电梯厅以东的办公单元区域，包括 260 ㎡的室内面积及 95 ㎡的室外空间，呈两个"L"型的咬合状态。整个 2 号楼建筑是钢结构的，一层的楼板下净高约 3.7m，内部做夹层的可能性不大。虽然工作室区域位于园区的最南向，与隔壁西岸创意园的两层机械停车楼一墙相隔，间距仅为 1.8m，稍宽处是公共楼梯间对出来的空地，约 5m 左右；但看到的确是西岸园区办公楼挂满空调室外机的北立面。因此，南向的室外空间既无景观也无尺度，是一个消极而难以利用的空间。

入口空间：增添趣味性与层次感

将南向外部不佳的景观影响降到最低是本次设计的重点。其中在入口庭院的处理上，将公共电梯厅让出来的位置，增设了一道与西边毗邻工作室分户的院墙和一个从建筑外墙到围墙的雨棚，均为锈蚀钢板饰面。这样的五个界面围合的空间之中，一株樱花，以及雨篷上方透空的圆形洞口，成为了这个空间的中心焦点。从清晨到傍晚，阳光随着时间的变化，透过圆洞和树叶，斑驳地洒落在木平台上，原木凳上和边角落里，营造了一隅宁静。此刻雨棚、洞口、樱树的虚实结合，已从视线上和心理上将外部建筑的北立面完全挡住，却又留下了庭院需要的阳光和生机。开放办公空间对应的南庭院只有 1.8m 宽，原本的南向开窗是从梁下到底的落地窗，院墙外的机械停车楼显得十分醒目碍眼。通过视线分析，我们将窗洞的上檐下降了 900mm，同时向柱子外出挑了 450mm 的雨棚，窗台的下沿设置在 450mm 的高度，同样出挑，这样在户外形成了一个 2.2m 高，10m 宽，1m 深的窗框，再用无框玻璃填充，形成一个完整的景窗。降低窗的高度，设置出挑的檐口，都是为了让室内的视线范围控制在庭院以内。悬空离地的景框上，可立，可坐，亦可卧，近在咫尺的一面紫竹，像是可以陪伴多年的老朋友，相互对望，静心守候。

三进庭院：体验自然界的三种属性

室外庭院部分被建筑形体与围墙划分成三个部分：南向矩形的入口庭院，南向公共办公区域对应的 1.8m 宽的带状庭院，以及东侧独立办公室对应的 0.6m 宽的天井一般的窄院。三进庭院，却在无意中，让人体验了自然界的三种属性。第一个入口庭院，大面积的黑色卵石是庭院的主角，自由散水的雨棚设计，在雨天里形成独特的雨帘，雨水滴落到石子上的声音，是人们想要的生活体验，也是一种传统江南的童年记忆，檐下空间有了熟悉的声音，有了温暖的记忆，石院也就有了水的属性；第二个庭院主角自然是竹子，风吹过狭长的庭院，使得轻盈高挑的竹子随风摇摆，发出沙沙的声音，此时的竹院也就有了风的属性；第三个庭院为东侧的井院，给独立的小办公室和阅览区采光成为它唯一重要的作用，清晨东面的阳光，通过东侧半透明的磨砂玻璃高窗，照进室内，温暖而均匀，井院便有了光的属性。

自然采光

庭院中，一株樱花树，以及雨篷上方透空的圆形洞口，成为了这空间的中心焦点。从清晨到傍晚，阳光随着时间的变化，透过圆洞和树叶，斑驳地洒落在木平台上，原木凳上和边角落里，营造出一隅宁静。原本的空间划分使得外墙开窗不能满足室内采光和通风的需求，所以设计师将室内空间规划做了相应的调整，使所有的开窗尽可能做到固定窗口的景观最大化。

2017 年 5 月，水石设计 · 米川工作室完成了自己的建筑室内和环境改造，在有风，有雨，有光的新办公室里，安静而忙碌地开始了新的工作。

一个简单的设计，或许改变的不只是我们的环境，也在影响着我们的生活、工作、心情以及梦想诗与远方的动力。

蓝冈影视

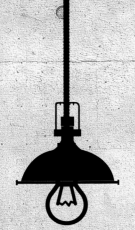

主要材料
艺术树脂、清水漆、橡木、黑钢、铝板等

办公设计

在中国城市化进程加速的背景下，许多标新立异的崭新建筑平地拔起，与之反差强烈的是，更多的老旧建筑却在无用的尴尬中寸步难行，直至生命衰竭。在目睹了粗放式的大拆大建后，我们是时候放慢脚步停下来，不再一味地追求"新"的建筑，而是用理性、环保以及长远发展的设计思维，去探求建筑的"新生"。

项目地点：中国北京市
项目面积：500 平方米
设计机构：寸 –DESIGN
主设计师：崔树
摄影师：王厅 王瑾

① 入口休息区　Entrance lounge
② 公共活动区　Public Area
③ 过厅二　　　Hall 2
④ 走廊　　　　Corridor
⑤ 过厅　　　　Hall
⑥ 厨房　　　　Kitchen
⑦ 洽谈室　　　Conference Room
⑧ 楼梯间　　　Stair Hall
⑨ 休闲阅读区　Leisure Reading Area
⑩ 挑空楼梯间　Void Stair Hall

一层平面图 1:100

① 挑空楼梯间　Void Stair Hall
② 楼梯间　　　Stair Hall
③ 总裁办公室　CEO Office
④ 财务室　　　Accounting Office
⑤ 中厅　　　　Central Nave
⑥ 洽谈区　　　Commercial Area
⑦ 卫生间　　　Restroom
⑧ 开场办公区A　Pen Office Area A
⑨ 露台休闲台　Terrace Leisure Dock
⑩ 开场办公区B　Open Office Area B

二层平面图 1:100

原本的建筑由前后错开的两栋楼组成，设计师首先改变了原有的入口设计，通过一个伸出建筑外围的长方形结构，将原有的两栋建筑连接成一个纵横贯通的整体。结构内部通过深度变化转折，划分为咖啡厅和大堂两个空间，让人在时间的变化中获得截然不同的氛围感受。办公室则用竹子环绕构筑而成，体现电影公司独有的文化内涵。

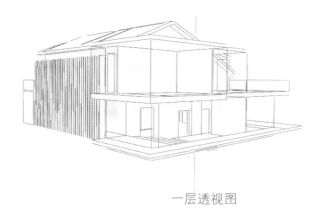

一层透视图

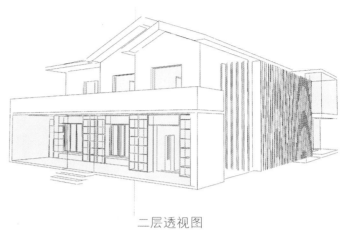

二层透视图

设计说明

这个别墅区位于北京东面温榆河畔，说它是别墅其实都有些牵强，整个院子建于 90 年代末，是老旧和破落的老建筑，这里的老不单单是指建筑形式上，还包括建筑的构成、本身的结构、内部的使用功能。过去的建筑设计太偏重于形式化，一个住宅的房子一定设计了符合那个年代特色的功能布局，这些都是符合年代性却不具有时代性的设计。符合当时的生活方式却不带有时代发现的特点。因此当我们看到这个房子的时候第一个感觉是和当下的人，以及人的生活格格不入。所以我们在改造过程中保留着原始的建筑特征，在一条切割时间的线下构成新旧元素的对比反差，贯穿于整个建筑内，让他们之间形成不同年代的对话。在强调室内空间与开放庭院之间的关系的同时，充分利用切割细碎的单面联结，以求得空间利用的最大化，又完整保留了这栋老建筑物最初的架构。

当时我们面临的最大的问题就是里面太陈旧了，当把墙面内保温拆除后，裸露出来的都是当时时代所建的红砖结构，而且每一个格局都很小。后来我们想到把它里面的房间串联起来，拆掉一切可以拆除的墙体，空间之间没有门的阻隔。将原有的窗下台全部拆除，改成出入口，这样所有的工作人员都从外廊通过进入室内。我们深信着一个"空"的空间并非空洞及欠缺性格；反过来，它可以让我们原原本本且更清晰地去细释这一个空间，防止受到不需要的设计元素的污染，懂得省略非必要的。

因为他们是一个影视公司，所以他们的导演都喜欢躲在一个小角落里，去创作一些自己的想法，所以我们做了些阳光板的小区域，在这个区域中别人不会看到你在做什么。卫生区域我们做了个框架将窗洞包裹其中，在老建筑中有块橘红色的区域，当保留的原始建筑面积足够大时，会体现太多的破败感，所以我们将代表他们品牌的 logo 色加了进去。强烈的颜色冲击，折射的却是一个影视团队的蓬勃激情。

让工作室成为人和空间密切相关的地方，创造生态的环境中，有传统的历史，有现代化的生活。如果说设计本来就是服务于需求的存在，那么它会自然形成气质美，并在未来一直美好的存在下去。换句话讲，其实好的空间设计师，是一个空间气质营造者，最优秀的作品应该是把自己的感受用方法传递给每一个来到空间的人，当空间和人产生美好的协同关系，设计自然也就是好的。技法永远服务于设计。设计不应该是去关注技法和表面。

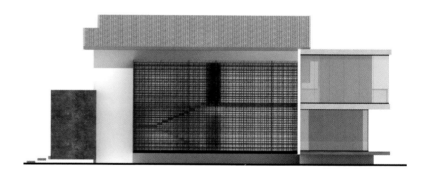

建筑立面图（左侧面）

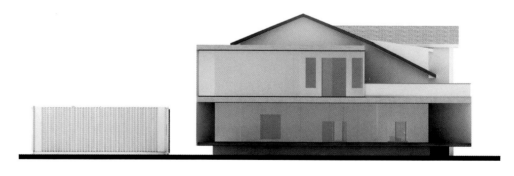

建筑立面图（背面）

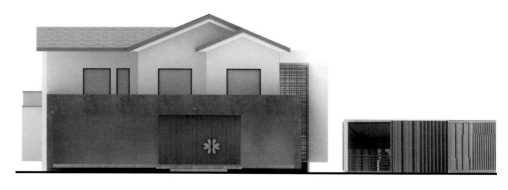

建筑立面图（正面）

采光照明

本案结合开放式庭院，利用光影尽可能地做到内外合一，回到空间的本质，创造出一个较为亲切、容易被接受、不高调的空间。室内阳光板的小区域设计满足创作需求，朦胧的光晕影影绰绰映射进来，形成独立的思考空间，方便发挥无限的想象来进行创作。三盏黄色灯管围合而成的三角形灯饰则辅佐服务于局部的交通场域，制造出浪漫的几何美感。

材料运用

在一条切开时间的线下，建筑以左保留90年代的原始建筑，右边则是全新设计的，让新、旧时代之间产生对话。整个建筑顶面无任何电线，还原最纯真的原始质感。镜面将柱子隐藏其中，反射的影像拉长整个空间的维度。卫生区域则保留原有的粗矿表面，将洗手台墙体往里推进一个尺度，镜子内嵌其中，形成对称感。另外，设计师将原楼梯区拆除做成玻璃盒子般的通廊，将休息区与主卧室连接一起，新旧之间的对比形成自然的气质美。

软装配色

建筑内部整体运用水泥灰作为主色调，营造沉静与现代感的空间氛围，让行走其中的人都不由得放慢脚步，享受室内的静谧与美好。红色的裸砖墙独特的纹理和粗糙的质感，带给人精犷和复古怀旧的味道，加之独立空间外立面竹色的运用，打造出一种低调、返璞归真，又不乏艺术个性的自然空间。

大境和观

主要材料
清水模、镀钛钢板、石材、美耐板、铁件

项目地点：台湾省高雄市

项目面积：707 平方米

设计机构：橙田建筑｜室研所

主设计师：罗耕甫

摄影师：李国民

办公空间

基地是附属在母公司建筑外侧的办公空间，原始平面与建筑物外侧玄关区的弧形墙没有产生关联性，我们则希望空间与建筑物产生更多的对话性，因此在设计入口处时创造了一道弧形的墙面串连两空间的关系，增强原有空间与母体办公室的连结性，利用材料去营造空间之间的连结。

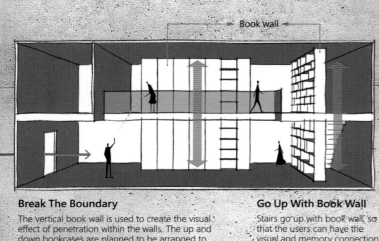

Book wall

Break The Boundary
The vertical book wall is used to create the visual effect of penetration within the walls. The up and down bookcases are planned to be arranged to enhance the connection between two floors.

Go Up With Book Wall
Stairs go up with book wall, so that the users can have the visual and memory connection with books and the interference to the working area can be decreased.

Generating space

Subsidiary space

Lobby

Before

Generating space

Subsidiary space

Lobby

After

interference action
movement path

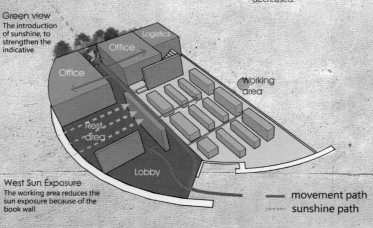

Green view
The introduction of sunshine, to strengthen the indicative.

Logistics

Office

Office

Working area

Rest area

Lobby

West Sun Exposure
The working area reduces the sun exposure because of the book wall.

movement path
sunshine path

conect two space

The thinking of moving line

设计概念图

Change the type of entrance

入口形态图

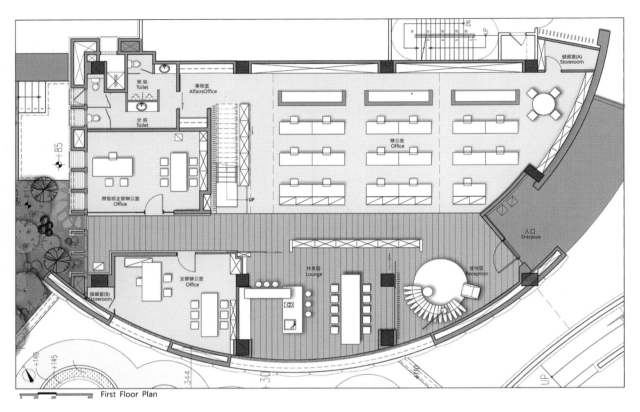

入口改为侧面进入的动线，这样的动线也增加了空间的缓冲，原规划在一进入空间时映入眼帘的即是全面的挑空，我们也找出一个属于此空间美的比例；进入空间先看见的即是后侧的自然光所带给我们的视觉引导，同时也做为动线的指向性，而将挑空的位置放在工作区，达到先收再放的效果。地坪的颜色则与书墙区分工作区与多功能区。

在整体设计上，设计师提炼出贯穿于空间中的几何力量，延续垂直向度的风格样式，营造极致的视觉和场所感，希望人与空间产生共鸣，而非只是单纯的办公场域。

一层平面布置图

空间规划

入口处创造了一道弧形的墙面串连两空间的关系，增强原有空间与母体办公室的连结性。进入空间，首先看见的即是后侧的自然光所带给我们的视觉引导，作为动线的指向性。工作区放在室内挑空的位置，达到先收再放的效果。工作区因书墙而降低了多功能区与西晒所带来的干扰，为员工提供更为安定的工作环境。办公区后方设置了建材展示区与选样区，提供使用者收纳建材与讨论的空间。垂直书墙营造穿透楼层的视觉感，设计师刻意将上下书柜整合，增加两楼层的连结性，将相同的语汇做垂直向度的延伸，打破了楼层之间的疆界。

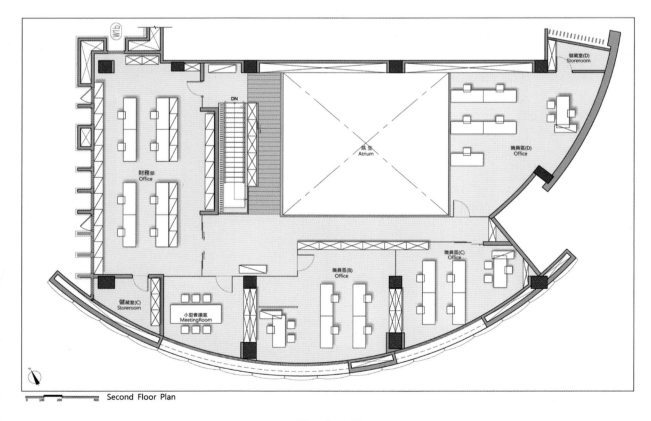

二层平面布置图

采光照明

设计师在入口终端设置了落地窗，引入绿意与天光，强化动线的指向性。多功能区并于西侧开一长窗，引户外之流瀑造景入室，不仅带来充足阳光，也为室内带来一抹活泼的生机与内敛的绿意。挑空工作区采用小角度高流明的光源，减少光线在长距离投射后的衰弱。工作桌上放置桌灯，提供单点式照明，也为空间创造了多元层次感。

采光照明

材料运用

设计师期待在空间中使用最少的材料，创造空间的延续感。工作区后方设置的建材展示区与选样区，在设计上延续了清水模元素，令空间流露出干净利落、一丝不苟的朴素精神。楼梯扶书墙而上，使用者在上下楼梯时，可以降低对工作区的干扰，还能与藏书产生视觉与记忆的连结。楼梯踏阶以植筋的方式连接于墙面，呈现出轻巧的视觉感。楼梯下方的平台消除了楼层上下的压力，舒缓陡峭的楼梯所带来的冲击感。

大悦城

主要材料
砖、金属

无界空间

大悦城无界空间是专为创业者打造的新型联合办公空间，该项目位于北京市朝阳区大悦城北侧一个由粮仓改建而成的创意文化园内。

项目地点：中国北京市
项目面积：约2600平方米
设计机构：hyperSity 工作室
主设计师：史洋 张国梁
摄影师：hyperSity 李明威

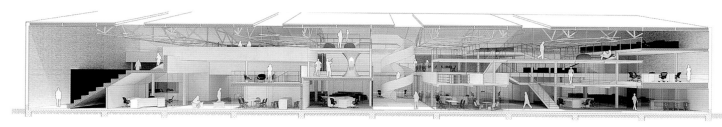

剖面图

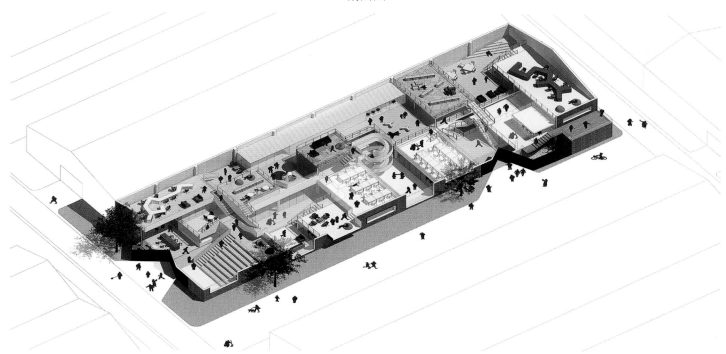

轴侧图

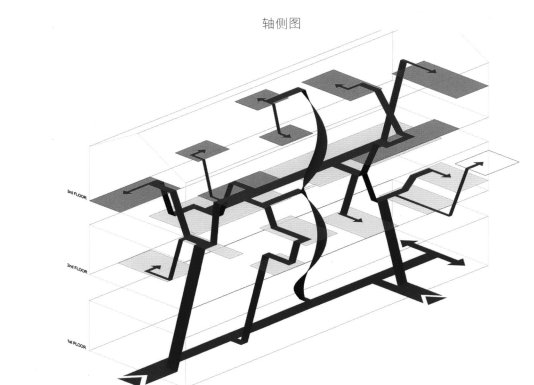

交通组织图

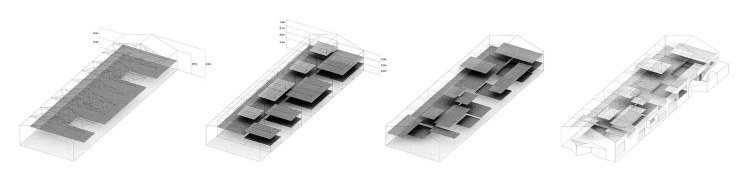

设计生成图

设计说明

外立面的处理上，整体建筑保留原先仓库的红砖墙。原有空间为砖砌单层桁架结构厂房，净高 6 米 7，脊线高 9 米 2，单层面积 1000 平方米。业主希望能够在厂房里容纳独立办公、开放办公、活动大厅、咖啡馆、大讲堂、放映厅、健身房、展厅等功能。

为了容纳 600 多人同时办公与交流，并使空间显得不那么拥挤与压抑，我们采用多重错层的空间处理手法。根据室内功能与平台标高，开窗被设计成不同大小与高度，形成错落起伏的秩序感，从而将室内的行为与活动映射到建筑立面之上。每个入住团队可以拥有自己标高的领域，相互之间既形成一定的私密性，又保持视觉上的交流感。

空间规划

建筑的主入口通过折叠的金属板通向建筑内部，形成对人流的引导，并围合出一处三角形小庭院，将入口处的树引入咖啡活动区内。次入口采用同样设计手法，与锅炉房一起围合出另外一处庭院，并借助锅炉房屋顶设计一处室外露台，供大家休闲活动。空间局部做成三层，整体分为十五个不同标高，活动空间采用上下通高处理，使建筑面积扩大到 2600 平方米。一些短暂使用的功能如会议室、茶水间、洽谈室等被设计成为 2 米 3 左右的低层高，整体空间形成高高低低，上下错层的空间效果。

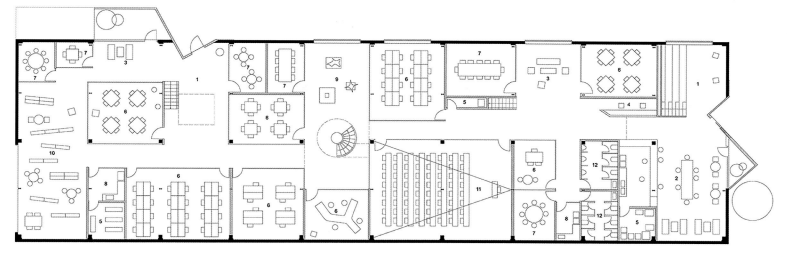

平面布置图

1.Hall
2.Coffe
3.Rest Space
4.Reception
5.Storage
6.Office Area
7.Meeting Room
8.Pantry
9.Exhibition Hall
10.Reading Space
11.Lecture hall
12.Toilet

0 1 2   5

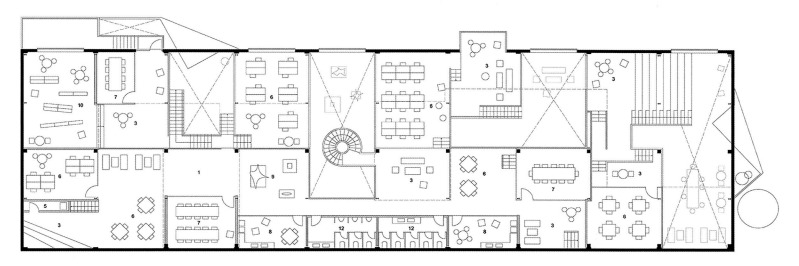

平面布置图

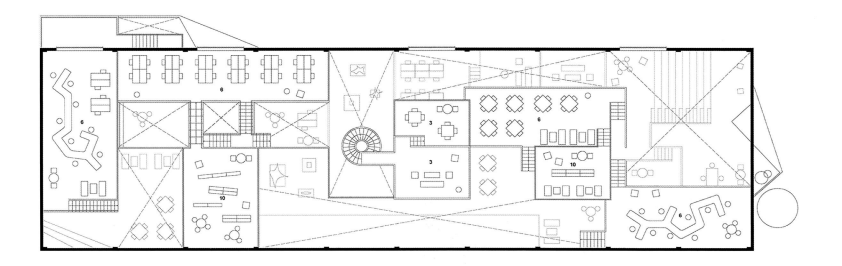

软装配色

入口处黑色的折叠金属通道表现出空间沉稳大气的内涵。建筑外立面红色砖墙让房子更显优雅个性，且复古味浓郁。步入建筑内部，却截然不同的空间感受，以白色为主色调的空间呈现神圣的美感。木质楼梯构成的休息区摆放着各色坐垫，让人心情不由自主的放松下来，也成为点亮空间之色彩所在。

灯饰照明

沿着木质楼梯拾级而上，依稀可见高大的天花板上悬挂着众多宛如群星般闪耀的工厂吊灯。密密麻麻的白色钢铁结构如同树木枝丫，它们巨大的身形仿佛撑起整个空间的亮度，搭配作为背景的光带，让室内即使在黑夜也同样亮如白昼，为办公带来最明亮的光线。

West Elm

主要材料
黑钢片、铜、清玻璃、旧木板、实木、条纹瓷砖

公司总部改造

项目地点：美国纽约

设计面积：13 7500 平方米

设计公司：VM Architecture & Design

主设计师：Mark Murashige

Kay Vorderwuelbecke Michele Mandzy

Kimberly Gerber Marissa Dwyer

摄影师：Garrett Rowland West Elm

Lutz Vorderwuelbecke

自从该品牌于 2002 年推出以来，VM 架构和设计（VMAD）一直在与西榆树合作。在此期间，他们设计并装配了 4 个办公空间、一个摄影工作室、一个制造商的工作室，以及几个新的零售品牌。每一次扩张，西榆树都回到了 VMAD，寻求帮助，创造出更加复杂和独特的环境。

空间规划

空间砍掉沉重的木材，得到一个较大的中庭，形成一个空旷的大厅和两层员工咖啡馆。这样的设计为空间提供了一个聚会的场所，west elm 员工可在此举行全体人员大会。靠近外墙的部分被打造成一条艺术画廊，摆上沙发和茶几，员工可以在这里讨论工作或者休息放松，还能随时欣赏到窗外的美景。

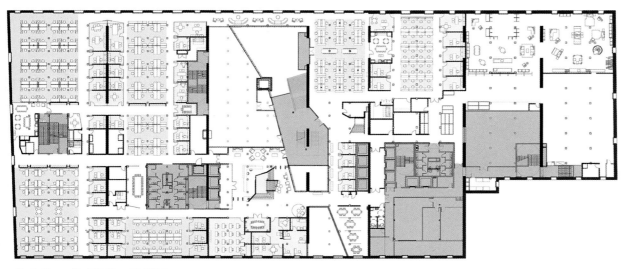

Empire Stores - West Elm Corporate Offices
2nd Floor

二层平面布置图

0 10 20   50 ft

材料运用

厚重的木材和大量的砖石是建筑原有的特色之一。为了让工作团队在木材和砖石的包围中休息一会，设计师对各种装修素材反复比较，精心选用五金、黑钢片、铜和古铜色、混凝土地板等材料，重要的地方采用白色墙壁和胡桃木镶板呈现，表现出 west elm 产品特有的质感。

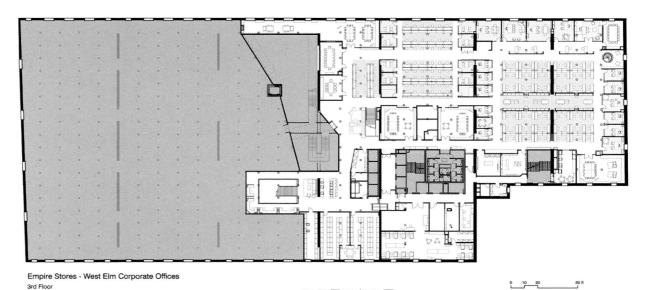

Empire Stores - West Elm Corporate Offices
3rd Floor

三层平面布置图

0   10   20   50 ft

设计说明

在过去的 12 年里，西榆树令人敬畏的增长，从一个很少的业务额的公司到一个价值 10 亿美元的全球零售商，这意味着他们需要一个新的公司总部。该项目由 VMAD 的负责人 Mark Murashige 和 Mark Murashige 领导负责，这是一个 10 万平方英尺的办公空间，位于布鲁克林的滨水区一个拥有 150 年历史的帝国商店。

西榆树品牌的精神是 VMAD 公司新办公室设计的核心。VMAD 与西榆树合作创造了一个永恒而又复杂的空间——更像是一个艺术画廊，而不是一个时髦的办公室环境。VMAD 想要开发一个环境来庆祝和展示该品牌的设计美学，它融合了西榆树世界设计合作伙伴和当地布鲁克林艺术家创造的自定义艺术元素。这个空间还需要作为新西榆树办公家具系列的展示厅。在一个空间中实现很多目标。

VMAD 和 west 榆树之间的合作非常有效，新西榆的总部是一个美丽的不断成长的品牌，期待设计伙伴的创造力会带来该品牌价值的更大成功。

自然采光

建筑外墙是几乎 60 厘米的厚砖石，各房间只有寥寥几个窗户，在黑暗的仓库中创造一条景观长廊的感觉是一个巨大的挑战。设计师通过使用光架、反射地板和观景廊，最大化的利用窗户对空间的影响，使漆黑的仓库变成明亮且通风的空间，还能欣赏到东河、布鲁克林和曼哈顿桥之间的曼哈顿天际线迷人的美景。

KCI 集团

主要材料
清水模、烤漆钢板、企口板、镀铝锌板

总部办公室

KCI 总部办公室位于台湾省高雄市，提供办公室、会议与仓储功能，紧邻 28 米道路的楼办公室建筑，以建筑体下方的退缩做为绿带，并利用漂浮的清水模墙抵挡了大量的噪音与汽车炫光等问题，不仅降低外环境的干扰，更是提升办公室内部的私密性为室内提供景观，营造出空间的安定感。在排除人为干扰因素后，上空的清水模墙引入了适度的天光，昼时可提供室内舒适的光线来源，并于墙内植草木，不仅创造内景，夜里，华灯初上，凉风徐徐吹拂着桂花，便可迎入满室馨香。

项目地点：台湾省高雄市
项目面积：1295 平方米
设计机构：橙田建筑｜室研所
主设计师：罗耕甫
摄影师：李国民

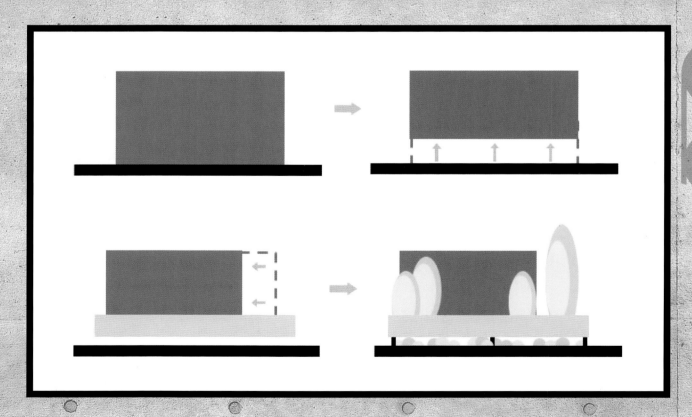

设计概念图

空间规划

入口处创造的一处平台，作为进入办公室前的缓冲，提供出入者心情转化之所在，藉此得到安定感。平台的上方是二楼大型阳台，是企业内部员工的生活场域。无论用餐、聚会、谈笑间皆能与一楼平台产生交流与互动的机会，借此可减少楼层高度所造成的心理负担，拉近楼层间的关系。

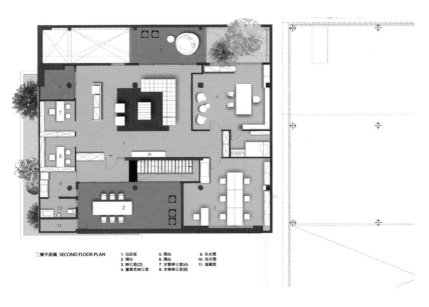

二楼平面图 SECOND FLOOR PLAN
1. 治谈室　　　5. 阳台　　　9. 茶水间
2. 隔台　　　　6. 隔台　　　10. 洗手间
3. 办公室(D)　7. 主管办公室(A)　11. 储藏室
4. 董事长办公室　8. 主管办公室(B)

二层平面布置图

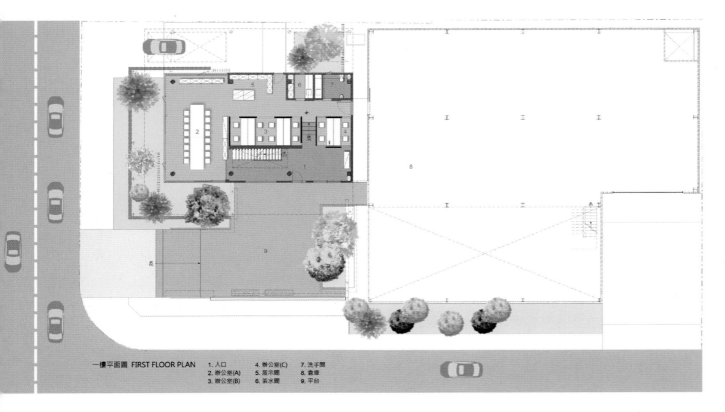

一楼平面图 FIRST FLOOR PLAN
1. 入口　　　4. 办公室(C)　7. 洗手间
2. 办公室(A)　5. 展示间　　8. 仓库
3. 办公室(B)　6. 茶水间　　9. 平台

一层平面布置图

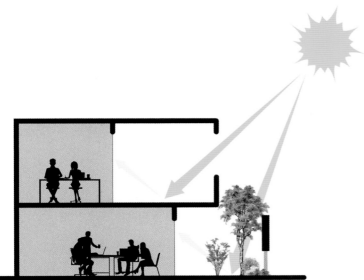

设计概念图

配饰元素

董事长办公室外，由一楼迎光朝上生长的墨水树，婀娜地展开了枝叶，在黑色浪板前作画，为原本基地内侧的暗巷，凿出一道充满生机的天光。会议室办公桌上摆放枝叶青葱的盆栽，活跃起室内气氛。室内墙面随处可见各种装饰画，简单的线条，不同色调，与材质不同的壁面互相衬托，彼此共存，产生和谐、奇妙的空间效应。

设计说明

二楼，为维系员工情感所打造的一处沙发区，强调群体关系的活络，赋予办公室一丝活性，与前后阳台结合，内外环境相互对应，成为员工的休闲生活场域。空间里大量使用木质元素，软化办公室给人生硬的刻板印象，让空间的使用者能有放松与归属感，借此凝聚员工的感情与向心力。

安道国际

主要材料
金属细网、清水混凝土、清玻璃、钢木

总部空间改造

安道将他们的新家命名为"Planet 16th"（十六号星球），这个微妙的昵称饱含着对土地（Earth）的尊重：城市，建筑，景观，无不植根于大地，Earth 既是我们工作的对象，也是我们保护的对象。在过去二十多年急进的中国城市化进程中，难免存在对环境不同程度的破坏，而安道的新总部，试图通过设计去表达对人类赖以生存的大地环境的反思和敬意，也承载着对于未知事物的兴奋和想像。

项目地点：中国浙江省杭州市
项目面积：3000 平方米
设计机构：安道国际
主设计师：占敏
摄影师：安道国际

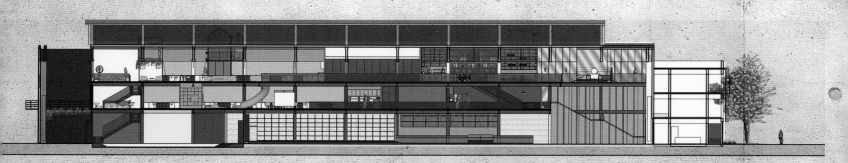

纵向剖面图

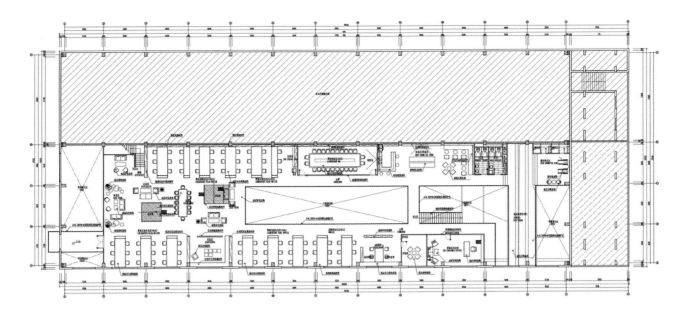

三层平面布置图

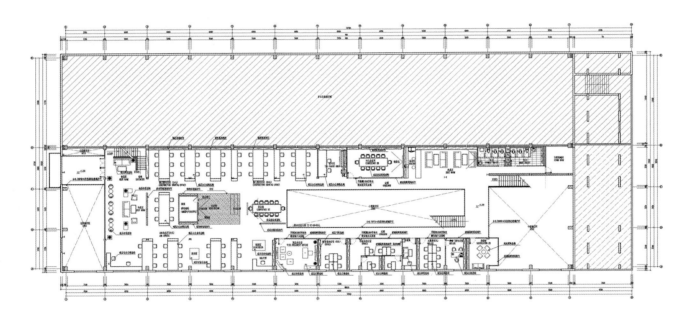

二层平面布置图

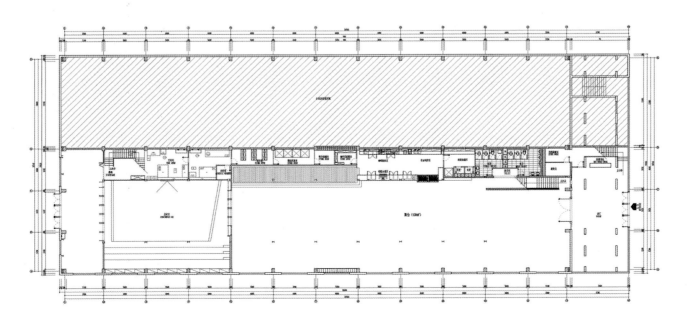

一层平面布置图

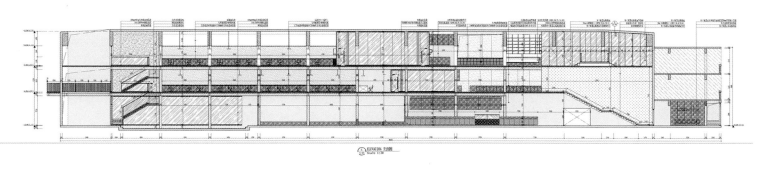

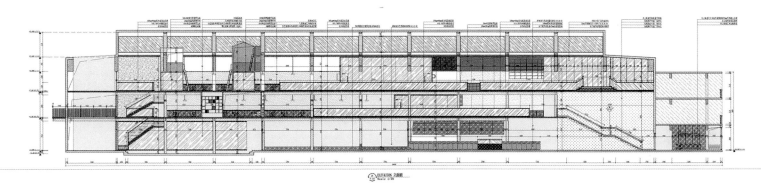

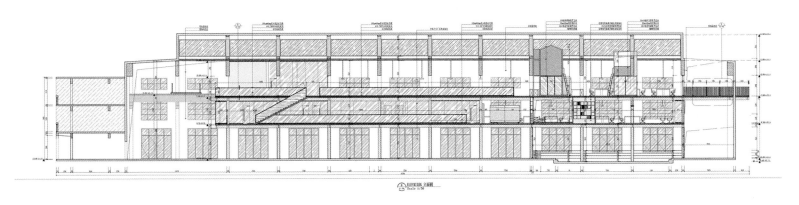

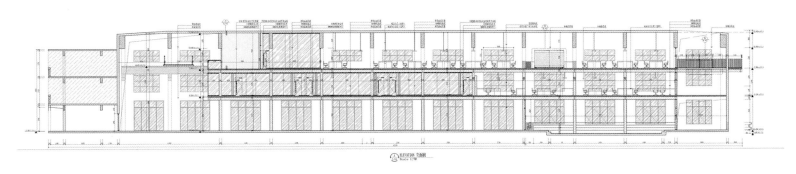

立面图

自然采光

用钢结构搭建围合而成的 300 平方米中庭空间，通过厂房屋顶的天窗获得最大程度的自然采光。办公室与其他空间无过多隔断，完全通过通透的玻璃、绿意盎然的植被进行分割，让大家彼此感受职业的气息。从中庭的木楼梯步行到三楼，这是距离天窗和阳光最近的地方，西侧边界没有布置工位，而是留出了大面积的被绿植和座椅围合的自由空间，透过落地玻璃窗，午后的暖阳使得这里成为最幸福舒适的场所。

空间规划

设计师将层高最高、交通最便利的一层空间全部开放，作为完整的公共区域；而员工的工作空间集中在二层和三层，通过钢结构搭建而成，围合出 300 平方米的中庭空间。建筑的主入口开设于东侧。为了保持一层大空间的通透和完整性，连接主入口与二层三层工作区的楼梯被谦虚地设计在不易察觉的建筑一侧，直达二楼中庭。

设计说明

如果您是第一次来到杭州经纬创意园 16 号的访客，难免会担心自己走错了地方，因为这里实在不太像一个传说中日夜加班加点的设计公司；如果您遇到了熟人，确定这就是安道设计（ANTAO）的新总部，更会在心里面质疑自己：过去这么多年，我有没有像他们那样真正享受过"上班"的乐趣？

"我们把员工当成甲方来服务，深入了解他们的嗨点和需求，拆除厚重的格子间，削弱工位等级制度，营造一个氛围轻松、自在交流的工作环境。"在决定搬家的时刻起，安道设计就将"开放、互动、活力"三个关键词作为新总部空间营造的目标。从选址、选材、设计、配色、定制、实施，历经两百多个日日夜夜，终于把这个废弃数十年的铸工厂房，打造成一艘关于设计和创意的旗舰。

配饰元素

入口背面的 10 米高的巨大墙面被图绘成充满喜感的"植物星球"，暗示着公司是景观设计的专业本质，也表达着文化创意的事业内涵。办公室内的会议空间、开放长桌、模型和图纸被散落于工作区域的各个角落，被花样十足的盆栽、吊篮和各种绿植，还有安道自行研发的"植物便当"柔性分割，趣味横生的绿植也成为员工桌面上的一道道微缩景观。而从卫生间到咖啡厅，墙面也被"失控"地涂满了各类艺术即兴创作。

从中庭的木楼梯可以继续步行到三楼，这是距离天窗和阳光最近的地方，也是整个改建设计创意体验的核心，隐藏着很多充满惊喜的细节。当我们穿越熙熙攘攘的三层工作区，到达建筑的西侧，会发现一条铁轨映入眼帘——平均每半小时就由一列火车从远处缓缓开过，给繁忙的工作带来背景和伴奏。西侧边界没有布置工位，而是留出了大面积的绿植和座椅围合的自由空间，透过落地玻璃窗，午后的暖阳使得这里成为最幸福舒适的场所。

材料运用

整座建筑的外立面设计并没有过多刻意的发挥，金属细网为水泥墙面带来了一层朦胧的外衣，它可以在一天之中的不同时刻呈现微妙的色彩变幻，也暗示着工业风格在新的时代下得到延续。一层通透的玻璃入口保持着现代建筑的面貌，内部空间的墙面和顶棚也未做任何多余的装饰，不仅如此，建筑师还保留了厂房原有的吊车桁架和机械装置，留住上个世纪工业时代的某种记忆。为了配合"工业风"的格调设计，办公家具尽可能选择钢木质感，在丰富的绿植衬托下，显得亲切又实用。

在新总部落成的几个月里，不少安道员工表示，"自从搬到新公司每天都忙得要死，不仅要种照料庭院花草，还要运动健身、下棋健脑、泡吧台、泡图书室……每天七点八点都不愿走"。不仅如此，这座总部有着更多的空间值得被探索：一层的西侧是唯一可容纳 200 人的报告厅（兼培训教室），可以承载大型的活动和事件，在平日则被公司电影协会长期征用为播放基地。与它咫尺之外的庭院至今还在施工之中，未来作为安道的景观植物实验室。而更有趣的时，从一层到三层，很多墙面是刻意留给员工"涂鸦"用的：果然不到一个月，从卫生间到咖啡厅，墙面被"失控"地涂满了各类艺术即兴创作，公司随即发出"告示"：涂鸦太多的员工将被"放逐"一楼的种植庭院完成相应施工时的"义工"。

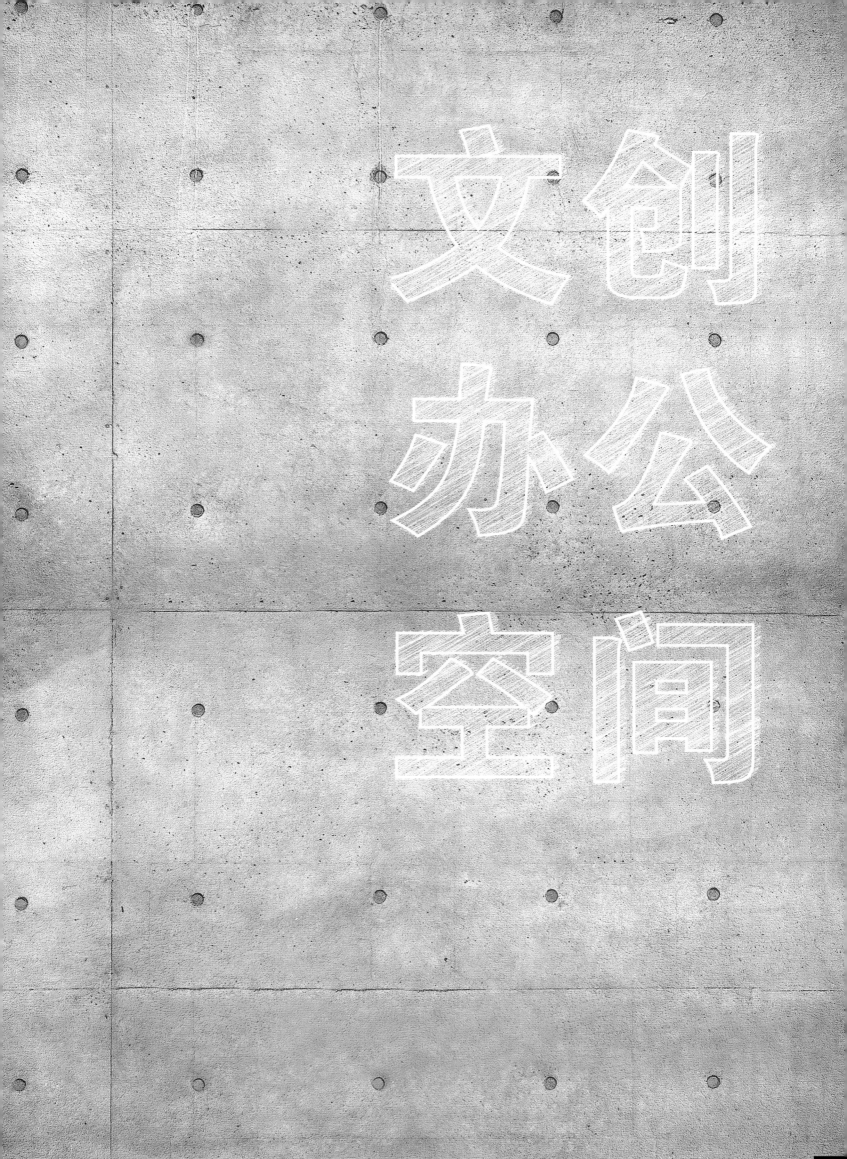

文创办公空间

Soesthetic

主要材料

清水混凝土、白色贴面瓷砖、清玻璃

办公空间

本案是 SOESTHETIC 为自己打造的办公室，在空灵和静谧的氛围中流动着优雅唯美的意蕴。

空间的空白处变成了多功能礼堂和设计工作室。办公室的核心是白色的立方体盒子形状的会议室，它也是两个区域之间的通道，它还有一个封闭的外壳提供隔音。所有电脑电线和设备都隐藏在机柜和特殊电缆通道中，电脑可以直接在工作场所任意切换。所有的线缆与设备都隐藏于事先设计好的线槽内，桌上的电脑可以随意移动转换。在工程设计中材料选样必不可少，因此还设计了一间材料室。

项目地点：乌克兰基辅

面积：300 平方米

设计公司：SOESTHETIC Group

摄影师：Andrey Avdeenko

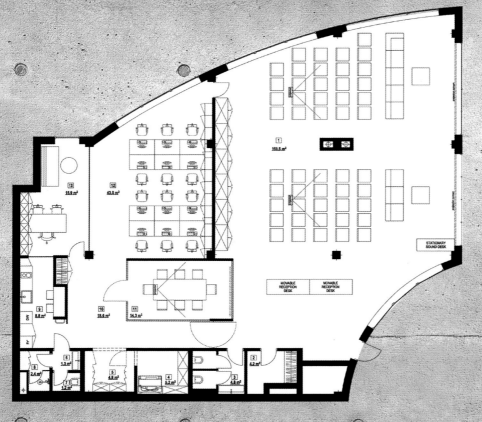

№	Premises	Area, m²
1	MAKET HUB	159,5
2	Wardrobe	4,2
3	WC (MAKET HUB area)	4,8
4	Storage	5,2
5	Material room	4,8
6	WC (washbasin)	1,3
7	WC (toilet)	1,2
8	Shower room	2,4
9	Kitchen	8,8
10	Transit area	18,6
11	Meating room	14,3
12	SOE working area	43,0
13	Director's office	15,9
	Total area	284 m²

平面布置图

空间规划

本案的空白处被转化成了两大功能区，一处大型多功能活动中心和一个设计工作室。空间的核心处是一间有着柔和光照的白色立方体玻璃盒子，玻璃的运用为这间会议室带来良好的隔音效果。同时，这个漂亮的立方体也形成了公共活动中心与私密办公区之间的空间过渡。多功能活动中心开阔的空间可以根据需求随意转变为大型演讲中心、多元社交中心或各类派对活动。

灯饰照明

室内照明设计以间接光源为主，非常态的墙面光源和镜面暗藏光源共同营造静谧柔美的空间氛围。工作区则是以低矮度的吊灯设计，保证工作时能够获得充足的光源。前台处，灵活灯臂和灯头设计的灯具，将灯光精准地聚焦在需要的地方，让眼睛和坐姿都免于疲劳，而工业风十足的造型也契合了空间的整体风格。

材料运用

清水混凝土的地面让空间回归
纯粹与简单，并赋予空间自然、
原始的美。两张大型白色木质
工作台，在裸色混凝土的映衬
下，彰显极致简约美。玻璃隔
断的大量运用，模糊了空间与
空间之间的界限，让光线可以
自由地在空间中流通。

Playster

主要材料
黑白瓷砖、彩色瓷砖、清水玻璃

总部办公空间

Playster 是一家正在迅速成长的年轻公司，为全球提供订阅式的娱乐服务，在纽约和洛杉矶均设有办公地点。ACDF Architecture 受托为该公司设计位于蒙特利尔市区的总部空间。

项目地点：加拿大魁北克

面积：1670 平方米

设计公司：ACDF Architecture

摄影师：Adrien Williams

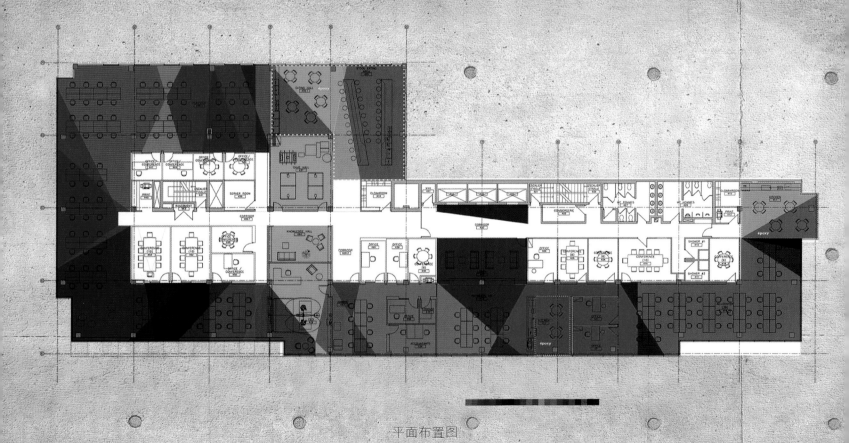

平面布置图

空间规划

　　建筑师为该空间打造了具有现代感的开放式设计方案，将明艳的色彩和白色表面加以巧妙运用，迎合公司充满活力和创造力的氛围。原有的墙壁也得到充分利用，转变为一系列富有生气的全新私人空间，同时避免了资源和资金的浪费。走廊处白色的乙烯树脂板构建出几个扩展区域，可供员工们在此沟通或休息。

软装配色

　　建筑师提出了一个令人兴奋的彩色图案，红、黄、蓝、橙、紫等色彩大胆的运用重塑了 18,000 平方英尺的空间。色彩斑点为墙壁和地毯创造出强烈的视觉冲击力，并在不同程度上界定不同分区。设计师为每个团队所设计的独有色彩，激发员工的归属感。白色的走廊平衡了彩色空间的强烈特征，也是通向会议室的核心路径，同时将众多明亮的空间连接在一起，有助于员工从活跃的办公室氛围中暂时放松下来。

设计说明

建筑师为这一面积为 18,000 平方英尺的空间赋予了全新而多彩的面貌。墙面和地毯上的标识与色彩带来强烈的视觉冲击，在一种流动的空间形式中划分出不同的区域。公司的每个团队分别拥有各自的代表色，因而这些色彩能够将大家凝聚在一起，激发团队成员的归属感。

充分利用原有的设计 - 一座建于 20 世纪 80 年代的办公楼 - 建筑师们利用现有的墙壁创造出各种充满活力的私人空间，从而节省资源和金钱。为了给客户一个适合公司高能耗和创造力的环境，建筑师们开发出了一个当代开放的概念设计，这个设计以明亮的色彩和白色表面的巧妙演绎而突显出来。

ACDF 灵活的开放式工作区设计适应小组工作会议以及巨大的协作和创意氛围。白色走廊平衡了五颜六色的地区的强烈身份。它作为一个脊柱，连接会议室，将明亮的部分相互连接起来，并作为办公室热闹氛围的休息场所。走廊上的白色乙烯板定义了几个突围区域，员工可以通过忙碌的时间表进行聊天和休息。Playster 现在拥有灵活和刺激性的办公室，创造性的工作来自富有成效的社交互动。

灯饰照明

色彩鲜明的私人空间中，嵌入天花板的照明灯具如星光般熠熠生辉。随着灯光变化，空间产生不同的色彩层次，避免了统一色彩生成的单调感。休息区，一个个垂下的萤火虫吊灯，通过线管的连接成串，照亮整个空间的同时，犹如黑暗中的萤火虫一般，给人带来温馨、浪漫的美好感受。

Lightspeed

主要材料
红砖、灰砖、白色环氧涂料、石膏

办公空间

ACDF Architecture 作为 Lightspeed 事务所总部第一期的设计师，被委托去设计新的楼层，供产品开发使用。这家公司主要业务为销售时点情报系统软件，公司位于一座 19 世纪火车站改造而成的铁路酒店的底层。

历史悠久的火车站和在发展阶段的科技公司，两者之间的对比启发了建筑师去创造一个满足功能性，同时带有活力生气的办公空间。新的楼层为开发团队提供了一个理想的工作环境，同时配合 Lightspeed 大胆和具创意的特点。

项目地点：加拿大魁北克
设计公司：ACDF Architecture
项目面积：1200 平方米
摄影师：Adrien Williams

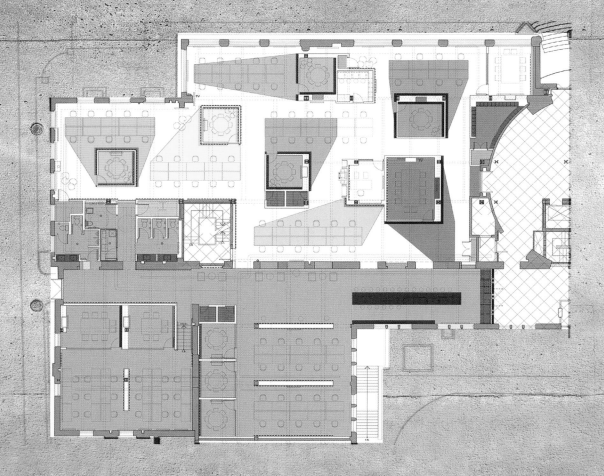

平面布置图

材料运用

办公室处于一个约 4.5 米高、宽阔又明亮的空间中，光滑的白色环氧图层地板和石膏天花反射着日光，和谐的环境带来自然的互动和特殊的协同作用。建筑师决定采取谨慎的手法，保留并保护丰富的原有建筑遗产，因而在现有建筑的基础下，选择把残余的砖石暴露，呈现出原有材质，残旧、粗糙的旧墙和新的几何形态形成丰富的对比，突出了空间的特性和氛围。

空间规划

整体开放的平面上，每个团队拥有自己的桌子、会议室和公共空间。墙面和地面拥有粉色、影子般的图形，以此划分团队各自独有的空间，让团队成员完成合作和自我组织。这些空间形成极富动态的群岛，交合的空间促进员工之间的交流和聚会。环绕的墙面如白板，为即兴的会议和演示的提供可能性。灵活多变的办公空间有助成员在专注于项目的同时，工作上也能产生紧密关系。

设计说明

穿过旧墙，会到达"小巷"，一个更能显出建筑的工业历史背景的公共空间。这个区域的地板涂层表露了底层的混凝土和水磨石图案，而涂成黑色的天花则隐藏了管道，但又不会完全覆盖。位于 1898 年的维格铁路站和 1912 年的贝里铁路站的交汇处，这个空间是时代和人流汇聚的地方。

舒适的环境和气氛，还有能够供大型聚会使用的长桌，这个房间能容纳高达 300 人，同时是一个供全体 Lightspeed 员工使用的会议空间。小巷中央把空间分成了两部分，一边是简洁分明的空间，另一边是工业化的环境。Lightspeed 的新办公室因应开发团队的前瞻性的工作，新楼层被打造成创新的中心，提供一个启发性和令人投入的工作环境。

软装配色

白色为主要色调的空间，整体呈现高效、简洁的氛围。公司所在的铁路酒店，凭借其独特的建筑外貌和历史文化价值，成为蒙特利尔老城中引人瞩目的地标，设计师在部分区域保留了红色裸砖墙，突出其工业历时背景。会议室则是用粉色、黄色、蓝色、绿色等高明度的色彩来表达，展现空间极具个性与活力的一面。

AdGear 技术

主要材料
红砖、木板、石膏、壁纸、铁网

总部空间改造

AdGear 是一家蒙特利尔当地成立于 2010 年的数字营销机构，现在已经快速发展成为三星电子的独立分支。该公司委托 ACDF Architecture 设计位于旧蒙特利尔麦吉尔街的新总部大楼。建筑最初是一个建于 1886 年的干货仓库，90 年代末期才被改造成办公楼。AdGear 是一家年轻的创新型公司，因此他们希望 ACDF 为公司的 60 名员工设计功能空间的同时，也在历史背景和创新的公司文化之中创造对比。

设计公司：ACDF Architecture

项目地点：加拿大

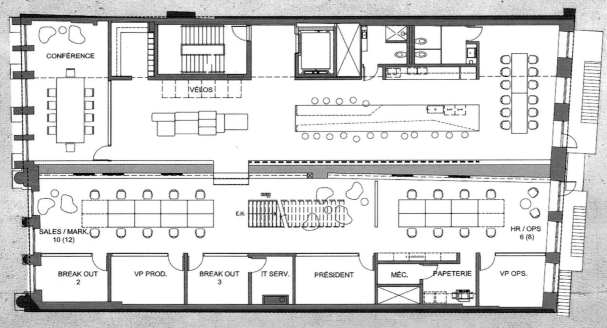

平面布置图

软装配色

黑色的空间结构中，金色的壁纸熠熠生辉，表现出空间大胆、张扬的个性。金色壁纸与温润木色地板产生的对比，加深了空间的层次关系。楼梯的栏杆采用 Tiffany 蓝的铁网，蓝中带绿的色泽好似一抹清泉流淌在空间中，如浅水般冰凉。深蓝的台阶是理智与沉稳的象征，也寓意着脚踏实地的企业理念。

材料运用

两层楼中用于分隔独立办公室的抛光玻璃，和原有的红砖和石墙产生鲜明的对比。抛光玻璃光滑的表面如镜子一般，优雅地展示着粗糙的粘土砖和木梁的丰富性。设计师刻意让表面多处缺陷的梁和石砖暴露出来，用它们表达建筑的历史感。另外，在一些墙面还采用了金色的有质感的墙纸，与优雅的浮雕天花板起到良好的呼应，彰显出高贵的质感。室内统一使用了黑色的石膏墙与锃亮的墙纸形成对比，也为其创造了一个天鹅绒质感的框架。

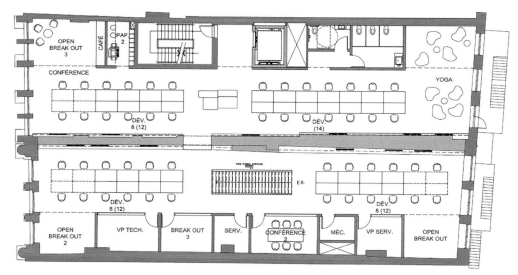

PLAN NIV.3

ÉCHELLE ⅛" = 1'

平面布置图

空间规划

ACDF 将这个由两个相邻楼房构成的空间用隔断墙分成两个不同的区域。一边是休闲开放区，另一边则是办公区。开放区域的中心放置了黑板墙，便于公司员工随时交流新的想法，白板巧妙地设立在砖墙上，鼓励员工进行即时独立会议，并且给予他们可以直接在墙上写字的权利，使得员工与公司环境更加亲密。

Supplyframe

主要材料
木材、红砖、混凝土、黑色冷轧钢、清玻璃

设计研究室

设计实验室的想法始于 Supplyframe，一家位于帕萨迪纳市的顶级科技公司；收购了一个非常受欢迎的网站，该网站拥有超过 600 万的工程师，每天都在分享创新的想法。这个创意社区激发了设计实验室的概念，黑客和创意人员可以聚集在一起，通过协作和使用正确的工具，将他们的想法从假设或数字转化为真实的物理位置。

项目地点：美国加利福尼亚州

设计面积：455.2 平方米

设计公司：Cory Grosser + Associates

主设计师：Cory Grosser

摄影师：Benny Chan Fotoworks

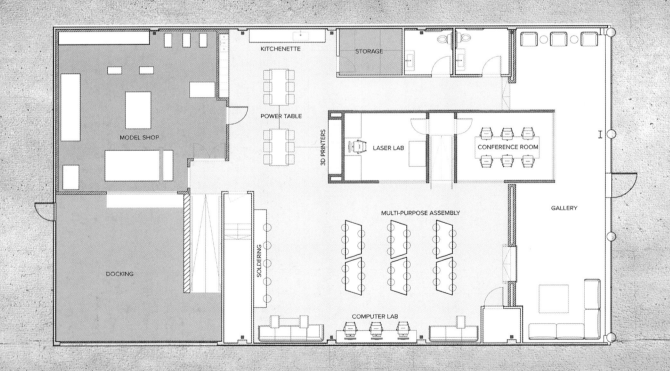

SUPPLYFRAME DESIGN LAB
PASADENA, CA

平面布置图

设计说明

"供应框架"设计实验室的构想是，作为一个工作空间和协作中心，将发明家和企业家聚集在一起，探索硬件项目如何构建和引入市场的未来。4900 平方英尺的工作室空间将成为硬件创新、创业思维、教育和思想领导力的温床——这是一个下一个层次的黑客空间。

这个完整的空间包括了头脑风暴、快速原型设计、模型制作和制作，以及社区活动的画廊和集会空间。

历史悠久的建筑设计实验室是典型的帕萨迪纳市，有拱形的天花板，裸露的木梁和砖墙。这些品质被保留下来，并有意识地与新建筑——干净的白色天花板、抛光的混凝土地板和工业钢的墙壁相比较，所有这些都提到了"供应框架"品牌和"哈代"的氛围。

与当前的创造性工作场所设计相比，设计实验室的设计风格是明亮、通风和温暖的，设计实验室是刻意的、工业的和优雅的——这是一个设计用来鼓励创造全新事物所需的原始能量和激情的空间。这个实验室并不是一个暖阁楼的概念，而是一个受咖啡因驱动的通宵熬夜、深夜编码和地下臭鼬工厂的设计。

参照传统的工厂和车间，设计团队采用了黑色冷轧钢、生混凝土和粗锯木材的材料，而使用玻璃、光滑的黑白表面和高档家具则反映了高端创意机构的工作空间。

在一个 40 英尺长的自由站立的盒子里，有一个创意空间和快速原型实验室，里面装着被熏黑的钢铁和玻璃，这一卷突出在面向街道的画廊里，暗示着后面的创新领域。在一种戏剧化的姿态中，玻璃墙在两卷之间都加了一层，吸引着路人窥视。

开敞式区域包括定制的家具，可以重新配置，以适应个人或团体的工作。这里还有一个厨房，设计为一个地方，可以在定制的高台桌子上补充燃料，在一个大的购物区里摆满最新的先进的原型设备，旁边是一个车库区域，上面有一扇卷门，便于创建大规模的作品。

空间规划

整个空间围绕一个黑色的盒子空间展开。设计师大胆的让机械车间与会议室共享了这个大盒子，工作与产品共存的空间，激发人更多的创意与想象。盒子的中间采用墙体隔离，中间的过道也起到隔音效果，保证会议室的安静。盒子一侧是开放式的工作区域，自由组合的空间形式适应任何个人或团体工作，让工作其中的人尽可能的获得放松。

材料运用

老建筑拱形天花板、外露的木梁和砖墙被有意识地保留下来，与白色天花板、抛光混凝土地板和工业钢包墙相结合，展现出一种新旧相互冲击的氛围。茶水间的设计参考传统的工厂和车间，设计团队采用黑色冷轧钢、原料混凝土和粗锯材的材料调色板，而柜体则使用玻璃材质，有光泽的黑白表面折射空间的优雅。

软装配色

黑色神秘冷酷，白色优雅轻盈，两者混搭交错可以创造出更多层次的变化。整个空间以这两种色彩为基调大面铺开叙写经典。红色的裸砖墙和水泥灰的运用，则为空间增加了更多粗犷原始的随性感。黄色的沙发和椅子，则为稍显沉重的空间注入了活力，带来轻松、愉悦的工作氛围。

钜亨网

主要材料
大理石、竹皮、镀钛、铁件、地毯、皮革

办公空间

巨亨网是一间结合金融与传播的财经网络媒体，兼备金融的稳健形象与媒体的创新特质，水相设计拣选「时间」元素为主导，在金融、货币与资金的迅速流动及网络实时讯息的双重快速节奏下，调性仿如华尔街与硅谷的速度感。让时间在空间中解构，由节奏的快速流动与变化，创造同一时空中所蕴含之不同时间意义的空间。

设计师藉由解构后的时钟片段，重新组合成一面看似散落却完整的抽象时钟，隐喻时间的递进与积聚，并萃取中世纪文艺复兴的纹理、石材，以及同时期绘制于宗教画作的珍贵蓝料元素，以含蓄的约略性质展现时间洗刷的累积过程。

项目地点：台湾省台北市
项目面积：820 平方米
设计机构：水相设计
主设计师：李智翔 郭瑞文 张森贺
摄影师：Sam Tsen 岑修贤

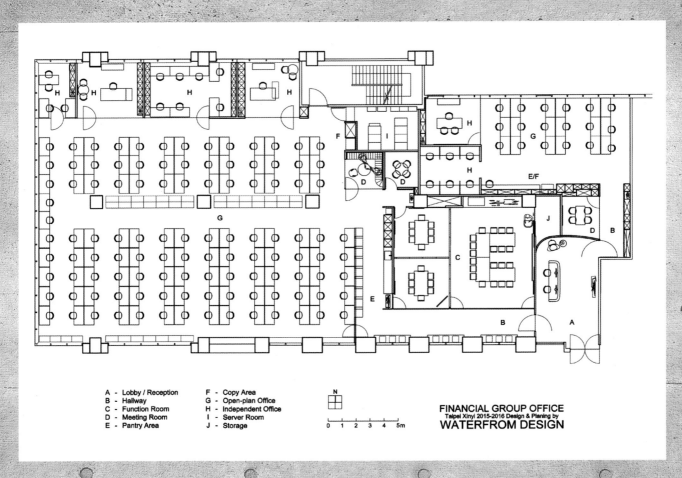

A - Lobby / Reception
B - Hallway
C - Function Room
D - Meeting Room
E - Pantry Area
F - Copy Area
G - Open-plan Office
H - Independent Office
I - Server Room
J - Storage

N

0 1 2 3 4 5m

FINANCIAL GROUP OFFICE
Taipei Xinyi 2015-2016 Design & Planing by
WATERFROM DESIGN

平面布置图

设计说明

整体空间以金色及蓝色为视觉基调，呼应财富与威望、知识与信任的冀求，更于主廊道及茶水间设置木质开放式座椅提供阅读、讨论与休憩，让室内营造出流动性的时间暂留，在善用空间使用的同时，型塑一处可以供给每双追赶时间的脚步停下休憩之场域，让看似理性的时间加入空间的感受与体会，令时间因感性而激发转换不同以往的意涵。

会议空间的规划使用活动式隔屏创造不同场地的转换，在墙体开合间转化不同尺度的空间量体，可自由变化小型会议室到百人视听室的不同容纳需求，创造更为善用的智能性空间。

家具搭配

本案的主廊道设有座椅为员工提供休息的空间，座椅外型采用英国19世纪的椅背作为设计，呈现简约复古之感。茶水间桌椅与收纳柜相结合，让设计兼具实用与美观。活动式的拉椅下方提供杂物存放处，而长型的蓝色桌面则以欧洲中古世纪的长椅造型加以简化，呈现出"大椅包覆小椅"的趣味意象。

材料运用

本案入门处即以金色接待前台与金黄纹理地面作为形象引导，象征财富的金色，呼应金融媒体巨亨网的特质。背景墙以仿旧石材创造出中世纪堡垒般的材质，古今元素的结合，间接与整案时间的主轴相呼应。视听会议室与大厅墙面皆以竹皮为包覆，黑、白颜料上色后留下独特纹理，再经光影投射后呈现深浅不一的纹样，增添墙面的透亮感与立体感，提升空间创意和动感。

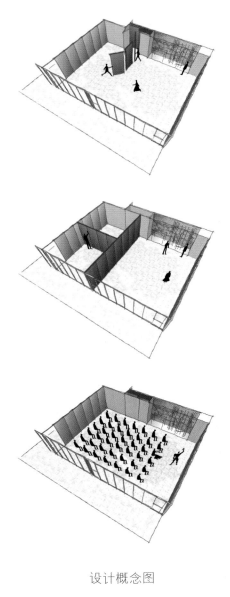

设计概念图

空间规划

设计师将前台设计成一个单独的空间，天花板流畅的层次变化和墙体优美的曲线代替了复杂的装饰，尽显大气尊荣。穿过前台处玻璃门，空间主角是一个大型的多功能视听室。为满足不同需求，设计师以活动式隔板转换空间大小，由 6 人小型会议室变为可容纳百人的大型视听室，让空间得以充分利用。视听室旁呈直角连接的廊道在承担动线功能的同时，被设计成休息区和茶水间，为员工提供了一个休闲放松的场所。

采光照明

本案中，穿透性的铁件玻璃组成会议室的区隔，除了营造出丰富的空间层次感之外，亦增加视觉的通透感。室内主廊道垂挂一旁的钟摆，在天花光带的衬托之下，化身为时间的使者，妆点廊道的同时，让时间的存在从无形到有形。

Deskopolitan

主要材料
拼接木板、金属网、钢管、黑钢

项目地点：法国巴黎

主设计师：MoreySmith

办公空间改造

Deskopolitan 是一个全新的服务式办公室品牌，整个空间的设计围绕着 Deskopolitan 的品牌理念而展开——全球共同工作。这个位于法国巴黎的办公空间由欧洲领先的建筑设计事务所 MoreySmith 打造完成。

设计概念图

设计概念图

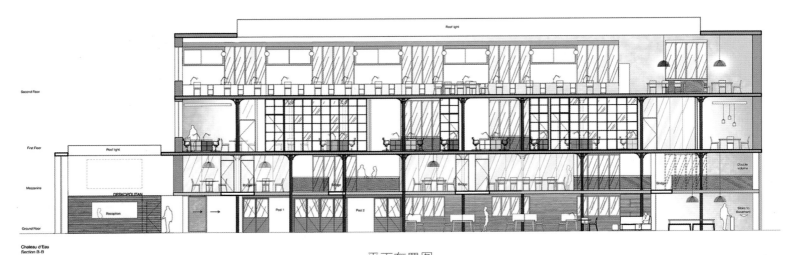

平面布置图

设计说明

这个新的办公空间共有 1350 平方米，高四层。丰富多元的共享社交区域搭建起共同交流的桥梁，为入驻其中的公司提供了一处舒适高效的办公场地。 这里曾承包了法国总统候选人贝诺瓦阿蒙为期整整三个月的竞选活动。竞选结束以后，除了贝诺瓦先生，这栋大楼开始吸引一批来自法国的初创企业和小型公司，为其在巴黎的市中心寻求创新和灵活提供了工作空间。毫不夸张的说，Deskopolitan 的设计理念成为了法国市场的一个革命性概念。

根据 Deskopolitan 品牌的理念，MoreySmith 事务所构想和开发出了一个与办公室相关的全球化设计概念，将前身为老厂房的建筑改造成了一个先进的联合办公环境，以创新的互动空间挑战传统的办公概念。同时提出要充分利用适应性强的空间，比如咖啡厅、理发厅、电话亭和任何非正式的地面空间。通过该方式来优化办公空间的创新感，源于传统同时颠覆传统，推动新方向又快又好的发展。

Deskopolitan 的品牌理念包括创建一个独一无二的空间，同时该空间还要兼具热情、舒适、有趣、灵活、易于使用和交际等优势。办公空间全球化这一概念最早起源并发展于巴黎 11 区一栋 6000 平方米的建筑，现在它已成为一个更大的项目，能够提供完整的生活工作模式，还配有健身俱乐部、餐厅、幼儿园和酒店，将于 2018 年 3 月开业。

MoreySmith 事务所与 Deskopolitan 品牌密切合作为建筑创建新的品牌理念，创作的灵感来自于 11 区那栋建筑的标志性大门。Deskopolitan 还在市中心的第一次创新尝试包含了一系列不同的工作空间和灵活的工作设置以支持各种不同的嵌入式部分，比如艺术家工作室、健康和美容室以及开放式的团队协作空间和处理网络事件的空间。这个当代空间的设计方式带来了新的欧洲市场。

配饰元素

办公室大门上的圆形几何图案造就了现在的Deskopolitan 办公楼。这一灵感覆盖了整个项目，即使在细小的设计元素中也不难发现，金属制品、墙面板、门把手和栏杆，这些元素清晰地将内外部相连接，造就了具有鲜明特点的现代工业风格。设计师还努力地通过各种植物摆设为空间增添绿意，将健康和新鲜的空气带进了办公室，促进室内空气的循环流通。

LE STUDIO

软装配色

公共办公区域以黑、白、灰为主要色调，办公桌下黄、蓝两色的小柜子为沉稳的空间注入清新、活力的气氛。红色电话亭造型的独立空间是欧洲特有的文化符号，代表着张扬的个性和追求独立的表达。靠内的独立小办公室中，柠檬黄的灯具和座椅是空间色彩的主角，让身处的其中人感受蓬勃的生命力，同时也起到提亮空间的作用。

东京都

主要材料
塑料、木材

自由办公空间

设计师给东京的一所创意代理机构设计了新的办公空间，此案采用现代科技和传统木结构相结合，完成对空间的塑造。

项目地点：日本

设计机构：DOMINO ARCHITECT

摄影师：Gottingham

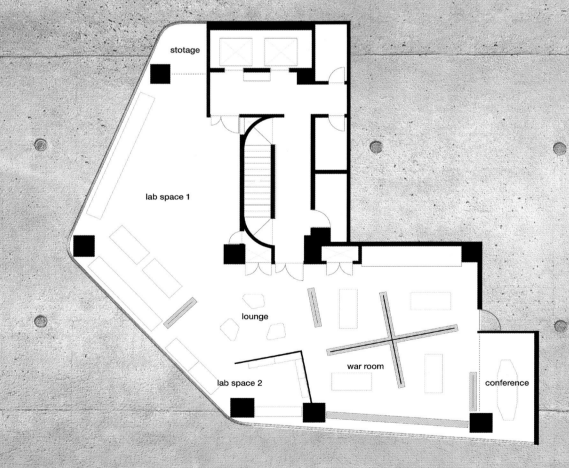

平面布置图

设计说明

从空间性质来看，空间将很容易被各种工具填满。因此，设计尽可能简单粗暴，以便承载未来的更多可能性。设计师设计了一个墙面木网结构：阴面被固定在墙上，阳面则由 3D 打印机量身定制以灵活适应每一个场合，方便随时拆建。"自由拼接"意味着设计将充分开放给使用者，以便他们自由组合满足所需。

材料运用

此案中，设计师利用塑料面板嵌入设计为基础，形成适合场地尺寸的移动墙壁系统。设计师还选择木材、铜和油布为设计材料，极富年代感的材料为空间注入岁月沉淀的韵味。空间的持续利用，这些材料也将会让使用者越来越感受到空间的舒适。木材质的连接采用传统木工技术，代表传统工艺与尖端科技的和谐共处。

空间规划

此案中，由于同期进行的项目远远超过工作空间所能承载的数量，所以设计师提出由塑料便携白板完成对办公室系统的形塑。办公系统内包含可以进行长期项目实践的实验空间和短期工作的讨论空间。塑料面板潜入松木凹槽基底，形成适合场地尺寸的移动墙壁系统，以便快速塑造临时性的办公空间，会议结束时也方便轻松拆除。这样的设计保证了空间的灵活性与机动性，解决了办公空间不足的问题。

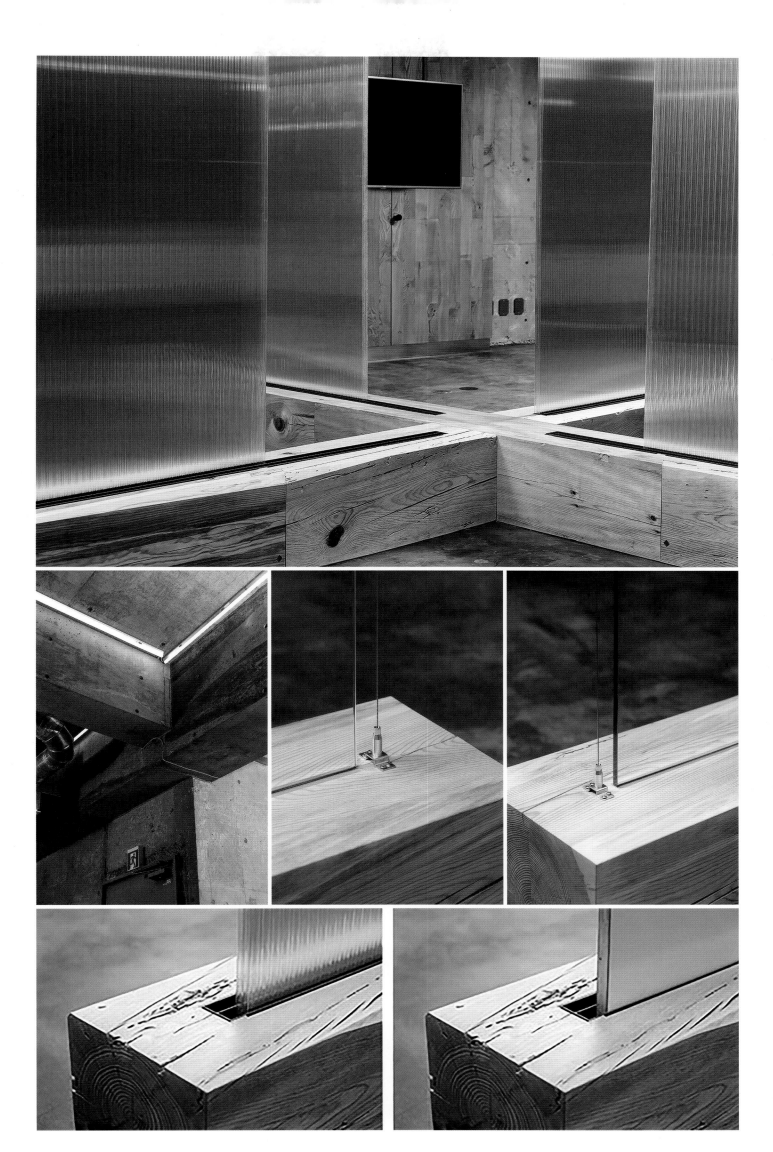

Dplus Intertrade

主要材料
大理石、木板、清玻璃
彩色油漆、黑色铁件

办公空间

项目地点：泰国

项目面积：1600 平方米

设计机构：Pure Architect

DPlus Intertrade 是一家在泰国的电子配件贸易公司，他们旨在重塑品牌，像一个家庭一样重振他们的团队，并希望通过一个崭新的项目来改善他们员工的生活质量。该项目设计的概念是让在这里工作的员工就像在家一样舒服地生活在这里，让员工们感觉到冲劲十足。

设计概念图

材料运用

建筑立面的设计被作为视觉的错觉——一种沉默的动态。设计师通过在铝制的立面植入字母 D，即公司的名字，为我们提供了一个多变角度的视觉转换。另一个有趣的方面就是该建筑的立面由百叶窗组成，铝制的百叶窗以对角线的方向设立，从而展现出公司的特点。延续的对角线式百叶窗提供了一种生气勃勃且流畅的感觉，因此在楼层之间也没有阻挡的框架。此外，设计师还采用风水的设计概念，把水和绿色区域植入到大楼的前部。

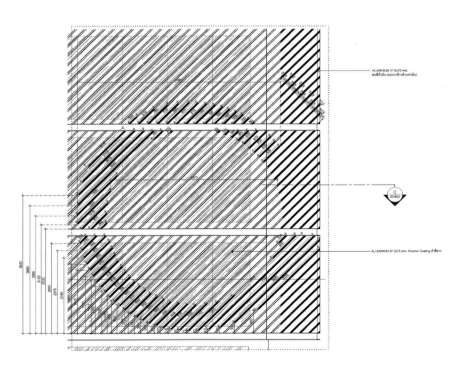

立面节点图

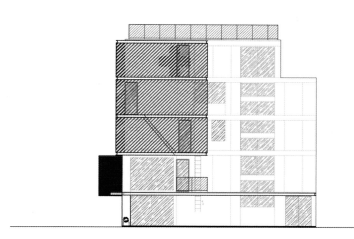

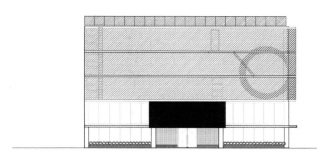

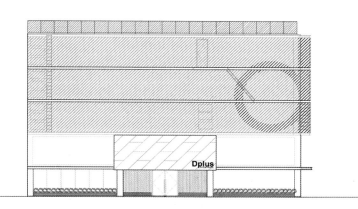

立面图

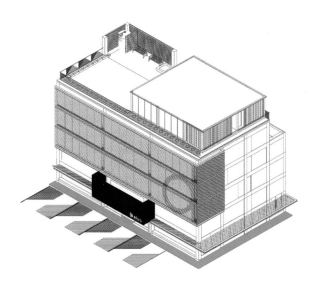

轴测图

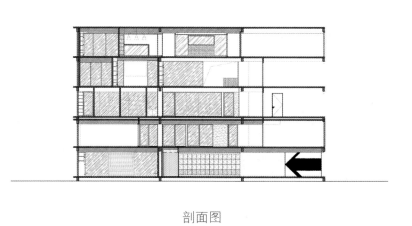

剖面图

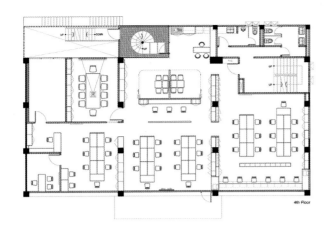

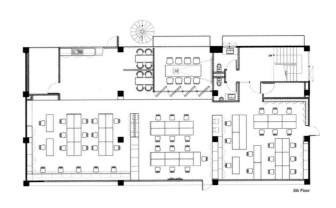

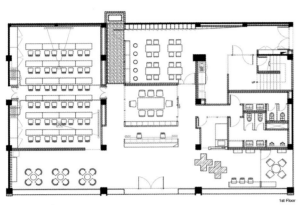

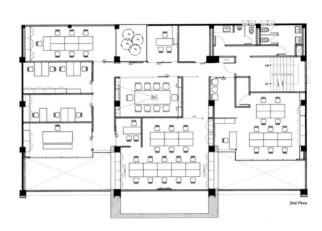

平面布置图

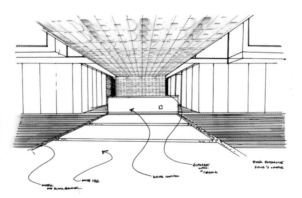

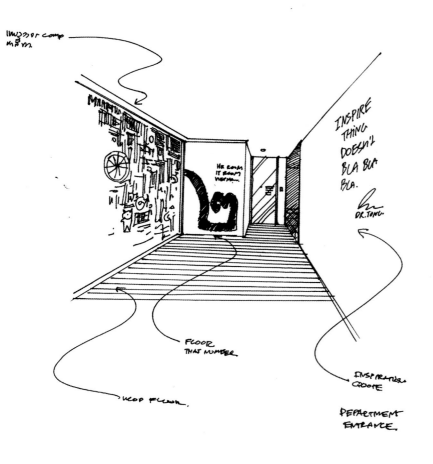

设计概念图

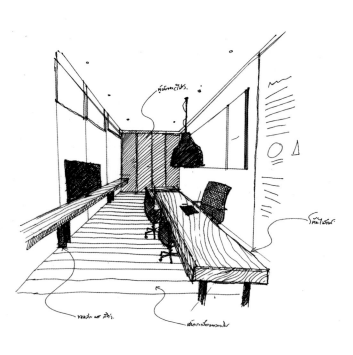

设计概念图

软装配色

蓝色是公司的主色调，通过混合红、绿、黄、橙、棕色，设计师打造出一个活力舒适的内部空间。多种颜色也被植入到了不同的区域和功能，比如棕色代表着土元素，它被涂在了大楼的背部，象征着财富。室内大面积铺述的绿色地板则代表着木元素，意味着生长和美好。该建筑的整体设计不仅强化了美学层面，同时还提升了用户的生活质量。通过鲜明的颜色，设计师为空间注入了十足的动力和生命力。

设计概念图

设计概念图

Fullscreen

主要材料
做旧木板、清水模、钢杆、清玻璃

洛杉矶办公室

Fullscreen 是洛杉矶当地的一家初创型媒体公司，正是这家公司，让 YouTube 视频网站在全球广受欢迎，近期，该公司就要搬到 Rapt Studio 设计团队为其打造的一间新总部办公室办公了。这个新办公室的装修主题是"为设计的目的而构建的一条黄砖路"。里面的的屏幕上，一直播放着不同的视频信息，这里的一切陈设都体现着 Fullscreen 的公司业务。

项目地点：美国洛杉矶

面积：411.56 平方米

设计公司：Rapt Studio

设计说明

工作座位区使用的是白色的墙壁和开放的天花板布局，营造出的是一个通风良好的空间，这也更能鼓舞员工们的工作斗志。来访者沿着楼梯来到二楼，就好像是在欣赏一部缓缓展开的故事书。二楼分层的座位区是特意精心设置出来的，这样的设计就是为了反映出 Fullscreen 公司的待人之道：这是一个吸纳人才，并能让他们快乐成长的地方。

空间规划

本案中，正对前台的蓝色展示区将整个空间划分为接待区和餐厅两个部分，屏幕墙的设计加深空间的这种定义，同时也不影响开放式的格局。二层的办公区域，通过座位的分层，形成不同氛围的办公区域，让不同性格、不同需求的人，可以在这里找到自己想要的办公环境。

软装配色

整个空间中，不同面向的墙壁被不同的颜色分割，不仅定义了空间，同时也提拱了拍摄背景。白色墙壁定义工作站，开放的天花创建出一个通风、新鲜的空间。黄色的壁柜定义的餐厅区域，搭配木色地板，营造出一个放松的就餐环境。茶水间则使用了大面积湖蓝色，产生让人心神安宁的魔力，最适合工作之余让人短暂的调试心情。

TRA 奥克兰

主要材料
彩色柳安木胶合板、莫兰胶合板、
镜面墙板、钢管

办公室

项目地点：新西兰奥克兰
设计师：Jose Gutierrez
面积：400 平方米
摄影师：Jeremy Toth

TRA 是一个工业行业的前沿研究和分析的商务公司。他们主要的工作是为客户收集并分析消费者信息然后为其成长提供见解以及新途径。设计师想要通过捕获各种信息将 TRA 体现为一个三维公司的建筑空间。

这个空间概念要求要一个能容纳 40 人的开放办公场所，包括董事会议事以及一系列小会议室和员工休息室。为了保留建筑特性并且不去支配这个空间，新空间在原有框架中嵌入了很多实用材料，然后这些材料被覆盖上一层镜面板，使得原始结构被反射、突出并丧失其物质形态，尤其是现有建筑的历史铜绿感。

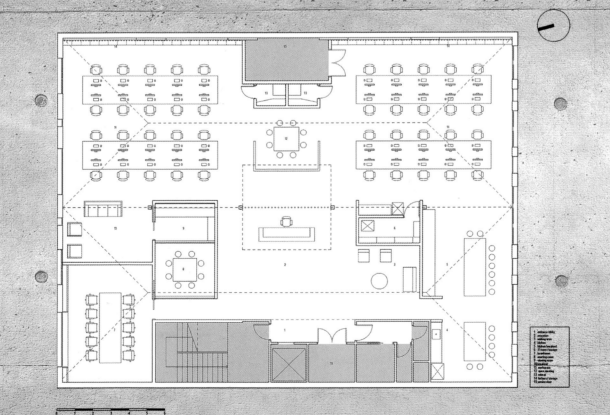

平面布置图

设计说明

工作区域的后墙采用黑色的隔音材料,这些材料都通过垂直粗钢部分来实现。建筑概念要求为每一位员工配备个人储物柜,这一块被设想为垂直金属里的一条漂浮的数据线,一个双重操控的循环模式。这个循环模式也被应用到了厨房的厨具安置上。

工作区域后墙中间也采用了镜面材料。里面有两个为员工安排私人休息的休息室,使得他们可以更高效的专心工作。踏进这里面感觉就像数据流的一个暂停的世界,它正随着灯光流动到更小的亲密空间,连接上整个办公区域的能量流动。

材料运用

此案材料的选择参考了建筑现有的金属以及木料。后方的金属屏幕横跨整个 7 米高的中心阁楼并打造了一条垂直的坐标轴,让人感觉屏幕似乎横穿建筑中心扶摇直上穿越到天空上去,将人们的注意力往高度方面吸引。现有的木材地板的损坏无法修复,因而引入了 1.2 米 X2.4 米的彩色的柳安木胶合板来加工表面,创造出独特模块。木板的大小增强了空间尺寸,并在整个地板做出交错重复的图案网络。镜面墙板大小和地板一样,并精确地使用了莫兰胶合板,进一步增强了空间秩序感。

空间规划

原空间位于一个百年老遗产的顶楼，邻近奥克兰港。整个建筑构造是在 2 个四坡屋顶之间，连接一个 7 米高的阁楼所组成。原有的木桁架和结构被揭开，暴露在空中，赤裸裸的空间形态和木桁架上的铜绿是建筑特征和历史的一部分，强调其不朽的特质。窗户上面板的比例，忠实的记录着这个城市的位置、倒影、水流及一切。会议室由天花板中嵌入了隔音板，结合硬面成为一个独享安静的空间。

灯饰照明

作为品牌再造的一部分，建筑师 Paul Hartigan 受委托打造一个公司缩写 TRA 的霓虹灯工艺品。霓虹灯安置在空间中心，代表持续的信息数据在公司的流动。实木和金属材料的选用，体现出霓虹灯的飘渺本质。安置在墙上的"TRA"霓虹灯，成为了整个主要空间一个最为正式的诠释。

超级番茄

主要材料
人造复合板材、铁锈漆、清玻璃、清水混凝土

项目地点：广东省深圳市
设计公司：超级番茄
设计顾问有限公司
项目面积：250 平方米
摄影师：罗湘林

办公空间

很多人会说，工作好累，很想让工作节奏慢下来，出去喝杯咖啡，发发呆。也有很多人会说，工作好闷，真想出去透透气，散散心。如果人的一生就在这种痛苦和沉闷中渡过，那注定会不幸福。我们常常会问自己工作是为了什么？为了"更幸福的生活"；那怎样才会让我们幸福的生活？只有"快乐的工作"。记得我们还是员工时的梦想，那种场景无数次在脑子里幻想，如果有一天我们能够不用待在办公室，每天待在咖啡厅里面工作那该多好，听听音乐、看看书、画画图，聊聊天，那是一件非常幸福的事情。

设计说明

很多次我们都会找各种理由和借口偷偷的待在咖啡厅工作，为的就是享受一个轻松愉快的环境。过去那一切真的是梦，但现在这一切都不再是梦。Super Tomato 将打造一个全新的 Office 环境，番号为＂Tomato Coffee＂让我们体验不一样的 Office 环境，泡一杯咖啡，静静地坐在舒适的沙发上发呆和思考。如果累了，放下手上的工作听听音乐。如果渴了，我们到吧台泡一杯咖啡、一杯茶，享受温暖的时光。整个办公空间的灵动性，以及它的色调让人能够安静的、舒适的待在里面，放松自己。

这就是我们设计理念，以人为中心的导向设计，让在这里的每一个人可以尽情去享受＂工作之外的幸福生活＂。

材料运用

空间运用是与人最为贴近，最为朴素的一些材质。水泥成为空间中最主要的材质，主入口的铁锈漆以假乱真，木板上用腻子处理后，表面做一层墙壁艺术漆的涂料。让人以为是铁，但敲起来又是木板，吸引人去触摸和体验它的材质感。墙面的水吧柜选用性能优良的人造复合板材，即麦秸板制作而成，既环保又能为空间带来自然朴实的力量。

采光照明

会议区考虑到光线对入口接待区的影响，所以采用 360 度旋转的艺术玻璃门做隔断。可自由调整角度的百叶窗帘给办公环境营造了不同时间段的的光线变化，搭配靠窗那一排生机勃勃的绿植，让每位员工时刻都能保持一种愉悦和良好的心情。另外，办公室一角天花板采用搁板吊起的萤火虫吊灯，为办公提供稳定的照明光线的同时，其高低错落的姿态也制造出温馨浪漫的办公气氛。

我们回收了一些老船木板来做家具，办公室里面的桌子及会议桌都是用旧木板来做的面层，给人一种自然的留恋和回忆。墙面的水吧柜我们选用了麦秸板，麦秸板是利用农业生产剩余物麦秸制成的一种性能优良的人造复合板材。在会议区由于考虑到光线对入口接待区的影响，所以采用了艺术玻璃门来做隔断，360度旋转的门不仅给空间带来了视觉享受，更给人带来了互动体验。主入口的铁锈漆以假乱真，无数人去触摸和体验它的材质感，带着疑问的想这是铁吗？但敲起来又是木板，这就是我们的设计意图，再木板上用腻子处理后，表面做了一层墙壁艺术漆的涂料。自由调整角度的百叶窗帘给办公环境营造了各种时间的光线变化，靠窗的一排绿植让每位员工时刻都能保持一种愉悦和良好的心情。整个办公空间的灵动性，以及它的色调让人能够安静的、舒适的待着里面放松自己。

这就是我们设计理念，以人为中心的导向设计，让在这里的每一个人可以尽情去享受＂工作之外的幸福生活＂。

软装配色

本案中大片的水泥灰主色调创造出的冷淡、平静的氛围，让身处其中的人忘却繁杂事务，抛开芜杂心情，在思绪沉淀中投入工作状态。工作间隙抬起头，窗台下的一排绿植让人心情舒畅愉悦，还能缓解长时间对着电脑工作带来的视觉疲劳。会议室中，靠窗两角放置了两株大型绿植用于调解气氛，单独一把橙色的椅子展示该公司充满朝气和活力的企业文化。

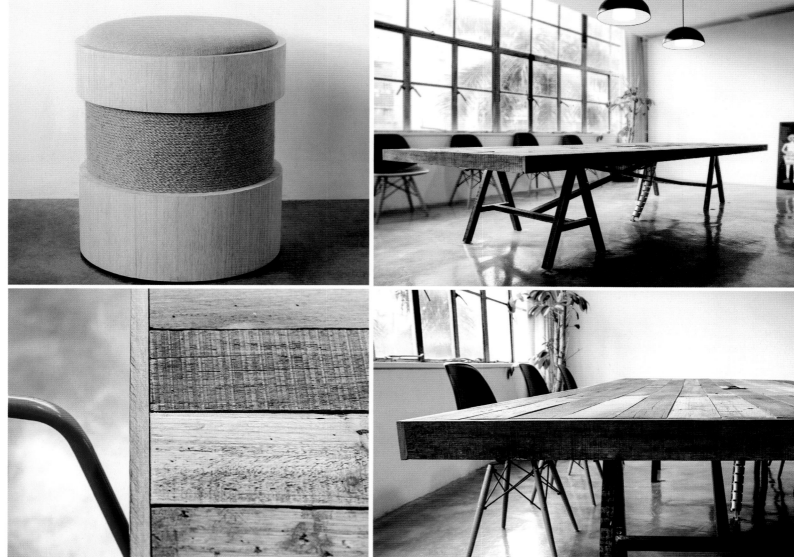

Vsco 奥克兰

主要材料
做旧实木、木板、清玻璃、钢管

办公空间

VSCO Cam 毫无疑问是摄影、图片编辑类 APP 中最炙手可热的一款，其滤镜效果不仅可以帮助初级摄影爱好者打造高品质图片，丰富的专业化编辑工具更可以满足高阶摄影师对图片效果的需求。就如 APP 所呈现出的惊艳影像效果一样，VSCO Cam 全新建成的总部办公空间也可谓让人赏心悦目。

项目地点：奥克兰

面积：约 278.8 平方米

设计公司：DeBartolo Architects

摄影师：Mariko Reed

空间规划

整个空间被中央的公共区域与玻璃墙会议室一分为二，四周硕大的方窗令开放式的办公区域显得通透明亮，忙碌其中的员工因而有了一个舒适的办公环境。空间明亮的一角被设计成一个休闲的办公区，看似自由随意散落的沙发、座椅为员工提供了一个独立放松的空间，契合互联网公司独有的办公室文化。

采光照明

本案中，多面的开窗设计让空间显得亮堂，充满生气。别致的家居单品，完美融于极简、素雅的整体装修风格之中，令人在投入放松、写意的工作之余，感受到暗暗涌动的活力氛围，以保持良好的工作状态。主要办公区域中央配备一盏简约的组合吊灯，为室内带来最大的光亮与艺术美感。休闲区域展示错落凌乱美的萤火虫吊灯界分休闲、餐饮场域。平行光带为交通通道铺叙前进的步伐，局部间距的光带则为玻璃隔间注入一丝轻盈感。

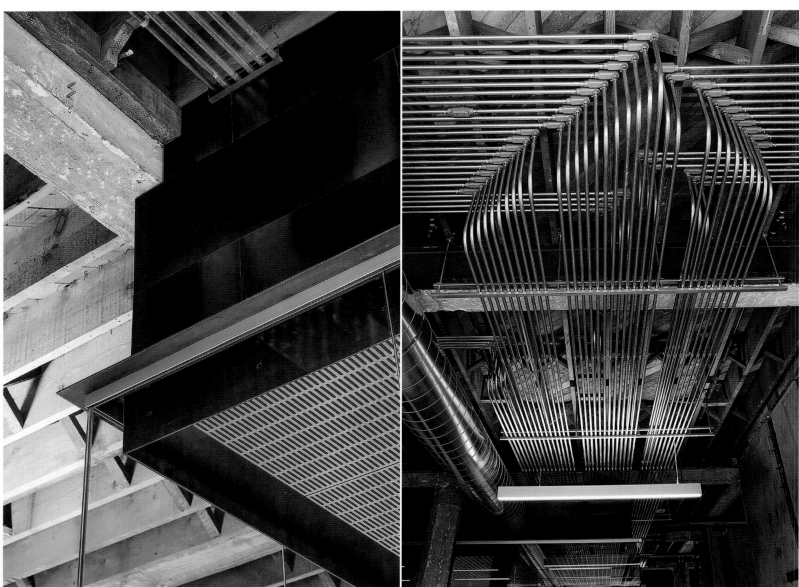

麻绳办公室

主要材料
麻绳、槽钢、木材等

该案场地位于上海浅水湾文化艺术中心内，是一个室内面积只有170平米的办公毛坯房。业主希望在较低的预算下将这个小型办公场地塑造为具有创新特色、能吸引微小型设计创业团队和创业者的众创办公环境。

项目地点：中国上海市
项目面积：170平方米
主设计师：林经锐

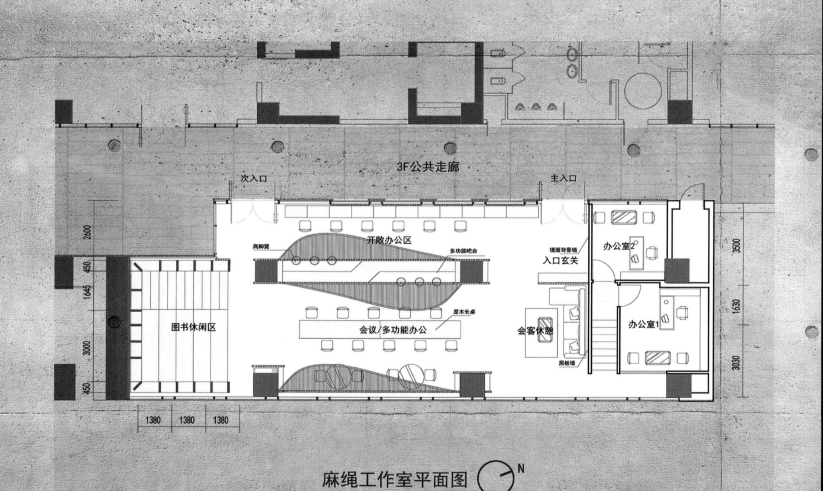

3F公共走廊

次入口　　　　　　　　　　　　　　　主入口

2600　　　　　　　　开敞办公区
450　　高脚凳　　　　　　　　　多功能吧台　　　镜面背景墙　　办公室2
1645　　　　　　　　　　　　　　　　　　　入口玄关
　　　　　　　　　　　　　　　　原木长桌
图书休闲区　　　　会议/多功能办公　　　　会客休憩　　办公室1
3000
450　　　　　　　　　　　　　　　　　　黑板墙

1380　1380　1380

3500
1630
3030

麻绳工作室平面图　　N

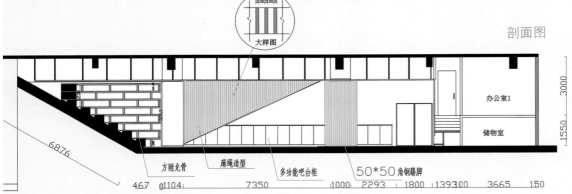

大样图

剖面图

办公室1

储物室

3000

1550

6876

方刚龙骨　麻绳造型　多功能吧台柜　50*50角钢踢脚

467　1104　7350　1000　2293　1800　139300　3665　150

空间规划

本案主体办公空间为开放式分享空间，并以两个回字形流线为结构，实现了空间布局的流动性。平面功能布局根据实际需求，流动办公与会议办公错峰叠加于中央长桌区，实现空间使用的高效性。设计师因地制宜，将原本公共楼梯通道上无法使用的尽端空间转化为集图书阅览、台阶教室及公司文化展示为一体的多功能复合空间。休息处的黑板墙可以随时记录，以便设计工作者交流探讨即时产生的创意。

设计说明

改造空间的过程如同身体穿上一件得体舒适的衣服的过程；富有动态感的几何麻绳界面，成为空间的新衣，消解了原有的梁柱空间，让创意办公更富有灵性与活力。麻绳编织作为空间隔断，既限定出各个功能空间的归属感又因其通透性产生小中见大的空间感受。软装搭配在暖色主调上点缀个性灯饰与休闲家具，力图营造一个舒适并带有情感温度的众创办公空间。

材料运用

室内材料以自然生态、可回收利用的麻绳、槽钢、实木为主体，降低造价的同时并彰显麻绳作为自然材料的可能性与材质美感；摒弃无用的装饰还原建材的本真质感，温润的原木、粗狂的麻绳以及带有强烈工业属性的槽钢，共同营造了一个与使用者紧密相连可触动感官的创意环境。

家具搭配

公共办公区域，设计师以长桌和吧台椅的组合代替传统的办公桌椅，实木办公桌为空间带来高级大气之感。铁艺木椅设计既原始古朴又温润精致，办公室中部长桌则利用折线设计一分为二，满足不同的办公需求。会客室黑色皮沙发组合沉稳大气，搭配红色绒面单人椅，显得高雅时尚。

PDG 墨尔本

主要材料
黑色钢网、木材、清水模、清玻璃

总部办公室

项目地点：澳大利亚墨尔本
设计机构：STUDIO TATE
项目面积：995 平方米

PDG 办公总部位于旺斯顿街和维多利亚大街交角的六角建筑中，设计精巧绝妙，打破了六角建筑难以规划为办公和居住空间的观念。在项目定稿前，设计师研究了多种方案，并在如此独特的空间中完美诠释了高效和激励人心的工作场所。新的办公室为员工提供了一个舒适愉快的办公环境，同时有力的提高了员工的办事效率。遵循 PDG 企业对高质量的一贯追求，设计师在设计理念中重新梳理了对优质材料的利用方式，因人习惯而定制的设计充分囊括到空间中的每一个细节。

空间规划

本案六角形的建筑给设计师带来了更大的挑战和创意空间。入口处，设计师利用圆形地毯界定接待处功能区域，明确动线的同时，完美解决了空间不够方正的问题。丰富的玻璃隔断让空间相互贯穿，更显通透、亮堂，从而模糊了空间属性，削弱独立空间因面积小所带来的局促感。飘窗被设计成舒适的休息区，大家可以坐在这里看看窗外风景，读读书，喝喝茶。在工作空间加入休闲气息，能让人在快节奏的工作中得到及时的休息和放松，以便更高效的工作。

软装配色

本案运用浅水泥灰地面，黑色的天花，塑造出严谨有序的公司形象。接待处选用蓝灰色沙发组合，优雅、沉静的氛围在空间中静静流淌，给拜访者留下良好的印象。就餐区整体的白色调呈现干净整洁的空间印象，墨绿的餐椅搭配窗前大片的绿植，营造出清新动人的就餐氛围。

配饰元素

餐厅的窗沿边摆放着郁郁葱葱的盆栽，藤蔓植物从上而下爬满窗户各个角落，彷如一片片充满生机的窗"绿帘"，为空间注入生生不息的生命力。"绿帘"为空间带来生机盎然的绿意，阻止了室外光线的强烈直射，搭配色调清新的家具，为空间营造出充满简约感的艺术美。

KAAN 建筑

主要材料
艺术树脂、清水漆、橡木

事务所新总部

KAAN 建筑事务所为开展壮大建筑业务搬到了新的办公室工作，其坐落于鹿特丹核心区的 Mass 河边，距离著名的天鹅桥和伊拉斯姆斯医学大学教育中心仅咫尺之遥。建筑师将 1400 平米的前荷兰中央银行改造为 KAAN 事务所的总部，这个开放的办公室中容纳了 80 多个工作空间。

项目地点：荷兰鹿特丹
项目面积：1400 平方米
设计机构：KAAN Architecten
主设计师：Kees Kaan
Vincent Panhuysen ·Dikkie Scipio

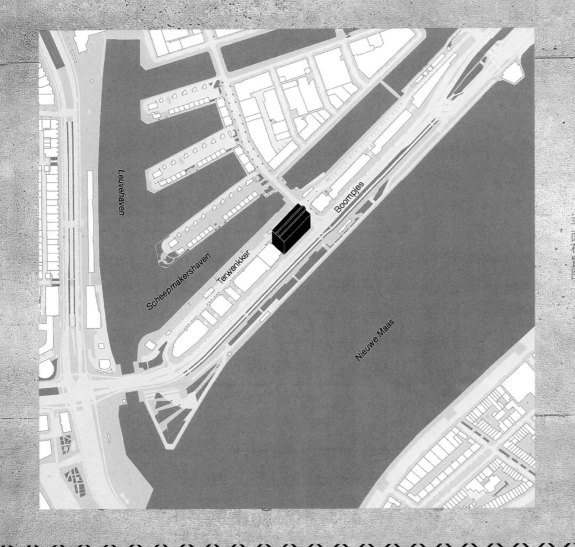

平面布置图

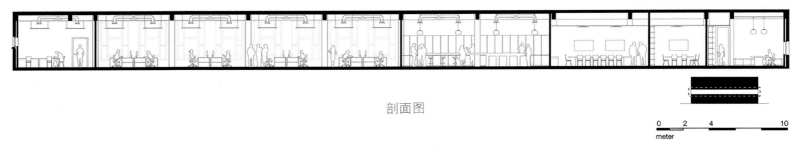

剖面图

0　2　4　　　　10
meter

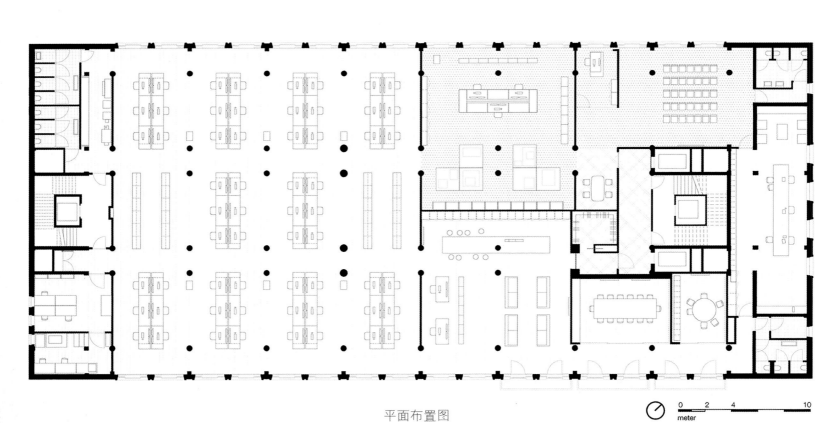

平面布置图

0　2　4　　　　10
meter

空间规划

为建筑师专门设计的宽敞明亮的工作空间是此项目最核心的地方，全开放式的设计令充沛的日光从空间两侧无拘无束的照射进来，建筑师们在工作之余还能饱览周边独特的滨水景观。方形平面比例简洁高效，由古朴庄严的立柱分隔而出的长廊和步道高效的连接了工作空间、会议室和休闲空间，促进了员工、访客和合伙人之间的交流共享。

设计说明

位于荷兰中央银行的新办公室栖居于一栋典型历史建筑的主楼层中，这栋建筑原本是犹太教堂，不幸在二战期间被轰炸摧毁，教授 Henri Timo Zwiers 在 1950-1955 年间加以设计改造。建筑朝向 Boompjes 街的立面砖使其从河岸建筑群中脱引而出，以荷兰艺术家 Louis van Roode 马赛克砖装饰的入口大厅更为其增添色彩。

"共享知识是此次设计办公室和划分空间的核心概念。粗犷的大空间富有不朽的工业美学意味，我们决定通过使用木材和混凝土这两种简洁并坚实的材料将这种美学发挥的更加淋漓尽致。"

同时，KAAN 建筑事务所成功的将事务所的办公理念反映在了新的办公室设计上，功能完善并且富于价值。建筑师激活并复兴了这栋沉睡了多年的建筑，使建筑本身未经雕琢的精美娴雅展现在世人面前。

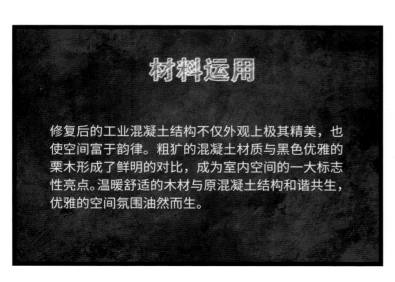

材料运用

修复后的工业混凝土结构不仅外观上极其精美，也使空间富于韵律。粗犷的混凝土材质与黑色优雅的栗木形成了鲜明的对比，成为室内空间的一大标志性亮点。温暖舒适的木材与原混凝土结构和谐共生，优雅的空间氛围油然而生。

伍兹贝格

主要材料
拼接板材、清水混凝土、钢板、金属网

墨尔本办公室

项目地点：澳大利亚墨尔本
设计公司：伍兹贝格
项目面积：2000 平方米

斗牛犬餐厅主厨 Ferran Adrià 的一本食谱，在 Woods Bagot 设计公司墨尔本办公室的室内设计之中，起到了尤为重要的作用。这个办公室位于墨尔本商业中心的小柯林斯街，木制的两层办公空间的设计目的是为了促进员工之间的交流和协作。以此为目标，设计师们把 Ferran Adrià 的烹饪书《家庭菜谱》作为设计基础，很好的表现出了他们的创意。隔挡帘将一些会议室与开放的办公区松散地隔开，另外一些私密的会议室则被封闭的门遮挡起来。设计师 Brett Simmonds、Richard Galloway 和 Sarah Ball，用木头、混凝土以及钢铁完成了这个面积 2000 平方米的办公室装修。部分大桌子是专门订制的，所用的材料就是跟墙壁和其他类似区域一样的木材。

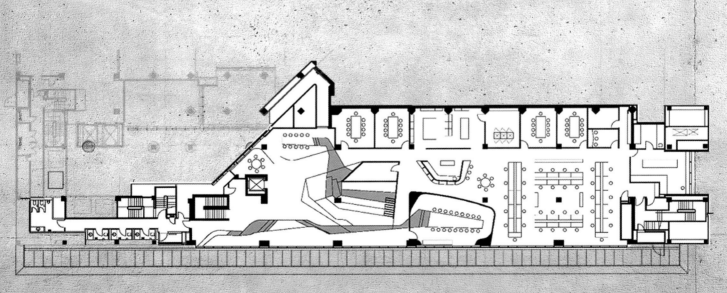

平面布置图

空间规划

工作室内各种正式和非正式的空间都分布在空间中心巨大的核心空间周围。核心空间将工作空间和休闲空间拼接在一起，其自身也形成了一个开放的礼堂，连接两层空间，为受邀的演讲者、电影之夜和周五晚上的舞蹈提供了一个平台。同时，这个空间还连接了员工餐区，加强空间社交属性，促进员工之间的交流和协作。

材料运用

木材是整个空间首选材料，原木自然的触感让人感觉稳重与踏实，为办公空间带来一份最真诚的自在。演播室内，木材本身编织成自然的钢板，用作过渡元素。会议室内，清水混凝土的粗砺与木纹的细腻，营造出低调而优雅的空间氛围。

每天下午五点二十，elBulli 的员工
会停下他们手上的工作，清理桌面的
物品，铺上桌布，搬来座椅，在厨房
里和大家一起享用一顿三菜简食。在
elBulli，这个被称作家庭聚餐的活动
能鼓舞员工的士气。这个聚会的概念
使工作室内的各种正式和非正式的空
间在中央聚集成为巨大的空间。于此
同时，这个空间还承担了重要的作用，
比如开放礼堂，嘉宾演讲台，电影之
夜及周末狂欢场所。该空间连接员工
的主要工作区域及午餐区，增加了员
工之间的交流与合作。

利欧数字

主要材料
清玻璃、拼接板材、钢管、高反射度混凝土、混凝土油漆、文化石

网络上海总部

在中国的网络与数字化营销服务领域中，从媒体到创意，到电子商务，到智能电视领域，利欧数字网络已成为炙手可热的顶级数字机构，甚至在全球范围内也已颇具知名度。

利欧数字网络拥有大约 600 名员工（主要为 20-30 岁的年轻人），Coca Cola, Pepsi, Starbucks, Costa, Lindt, Michelin, Suntory 及许多全球知名公司都是他们的长期客户及合作伙伴。

项目地点：中国上海市
设计机构：LLLab 设计实验室
主设计师：Luis Ricardo
Hanxiao Liu 刘涵晓
摄影师：Peter Dixie
洛唐建筑摄影 LLLab.

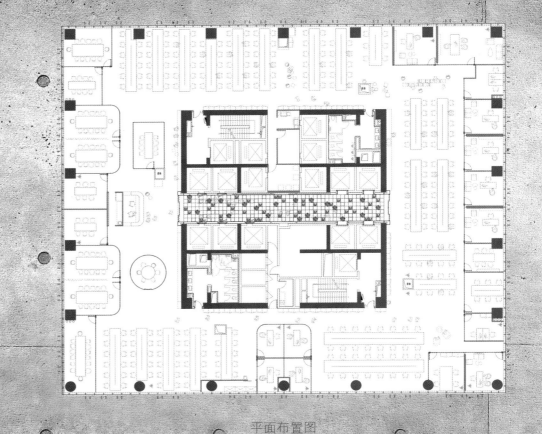

平面布置图

接待处立面图

设计说明

作为寻求新思路的中国年轻一代创意产业的典范，公司的重组也为创造令人耳目一新的公司新形象及新文化带来了可遇而不可求的绝佳机会。

LLLab 设计实验室，在德国发起，目前基于中国上海和葡萄牙波尔图的年轻设计事务所，有幸被利欧数字网络 邀请成为其上海新总部的设计师，挑战并重新诠释对于工作空间的理解。

创意氛围（开放和交流的空间）

公司不同团队之间的共享和交流区域通过不同的家具布置而潜移默化地创造出来，相对空间内的运动模式也同时被重新定义。咖啡区、阅览区、饮品休闲区，以不同的比例出现在各办公区域之间。

在工业材料及色彩的勾勒下，在如街灯一般宁静的灯光的照射下，如多功能图书馆，咖啡馆和酒吧等，这一类年轻一代感受最亲密、最纯粹的空间感无形间产生，从而最直接地促进和鼓励了设计思想的交流，也积极挑战了对传统工作方式的理解。

夜间，灯光的点缀如星空，打破空间界限，与创作的灵感一并延续。

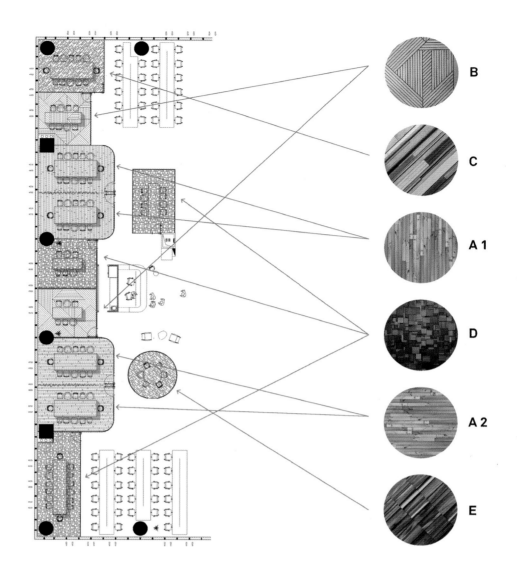

材料分析图

餐吧立面图

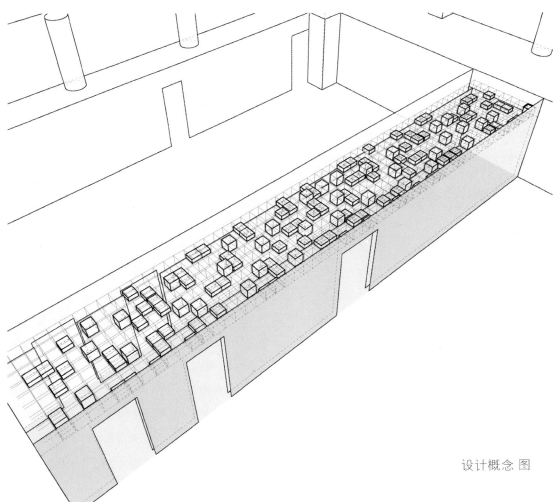

设计概念图

材料运用

高反射度混凝土地面处理工艺被应用到整个开放的工作空间中，并将室外光线顺利引入室内空间。天花板用混凝土油漆加工处理，从而使地、顶、墙三方面达到和谐的视觉效果，照亮室内空间同时，并将空间的纵深感通过透明度和反射度，无限向外延伸。工作空间、会议空间和共享休闲交流区的雕琢在于对实木材料的使用，如在原始画布上添加不同寻常却不失和谐的一笔，给予空间缓冲的节奏，使空间与空间之间形成最平衡的关系。

会谈室立面图

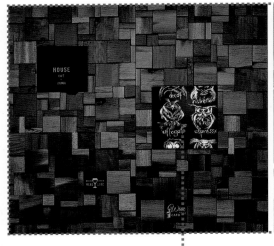

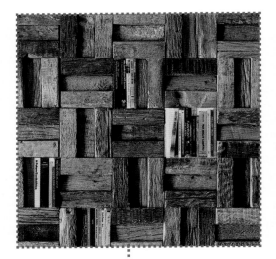

材料分析图

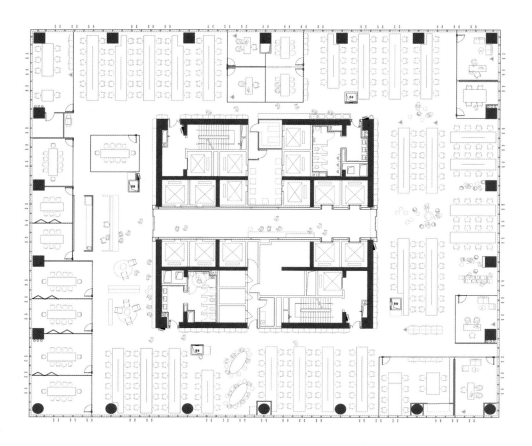

平面布置图

空间规划

本案例中，所有的独立空间均采用全透玻璃设计，透明化的职场氛围给每一位员工提供公平、高效的工作环境。木质地板通过几种颜色的拼接强调了会议室和办公室的独立性，加深空间层次感。大会议室中间采用折叠玻璃门作为分隔，使其满足人数众多的大会议，也能让两个小会议在其中同时进行。多功能图书馆、咖啡馆和酒吧等，让最亲密、最纯粹的空间感无形间产生，从而最直接地促进和鼓励了思想的交流，也积极挑战了对传统工作方式的理解。

制作和设计过程

为了面对与挑战目前中国浮躁和浮夸的社会现象，LLLab 特意对设计过程进行了不妥协的重新设定。

众多设计过程，样品制作和装配，均在现场完成。办公室的创意墙壁由设计师、施工人员和最终用户共同构建，实现和优化基于个性化需求的功能和审美的欲望。例如，办公室内的墙壁书架、绿墙等，都在无设计图情况下，通过试验一块块现场拼接而成。

会议室的设计概念草图和手工制作，均在现场完成。各会议室皆有自身的特点，同时通过对可折叠玻璃门的调整，还可生成一个或多个活动空间。会议室内的会议桌为木质地板拼图的一部分，通过对使用空间的划分，将一部分地板空间抬起成为会议桌，在视觉上使会议空间更宽敞，更统一也更协调。

整个设计和施工过程用了不到三个月的时间。施工现场如实验室般，LLLAB 设计师与建造工人密切合作，对材料、表面处理、照明等进行多次反复的测试，实现了一个最亲密也最诚实的"以人为衡量尺度"的真诚体验。

长廊立面图

采光照明

本案所有的会议室和办公室的分隔都大胆地使用了全透明超白玻璃，让自然光能够被带入深处的工作空间，最大程度的净化了空间，让光线和创造力共享过程和结果。同时，空间与空间之间的隔离，因为透明成为了不可或缺的会议记录、头脑风暴等功能介面，使界限成为连接，所有的空间因此得以整合。造型多样的玻璃吊灯在透明玻璃隔间承担起照明功用，高低错落的姿态搭配凹凸有致的天花吊顶，既呈现出不同的视觉光感，也把办公之余的闲适糅合进去。长长的公共交通场域及开敞的办公区域则由管线串联而成的钨丝灯泡提供主要照明，点线面构成的灯光布置让室内光线得以合理化运用。

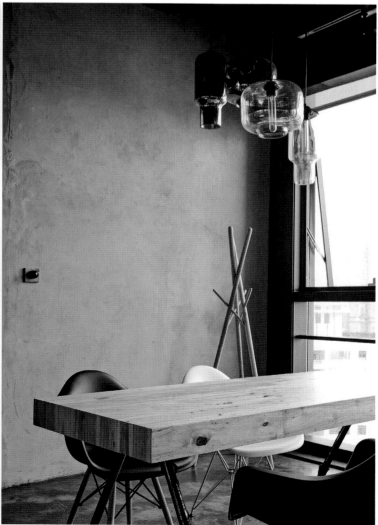

Bench 温哥华

主要材料
清水混凝土、木皮、钢管

办公室

这个快节奏的项目将所有设计阶段（从原理图设计到施工文件）的交付都在七周内完成。设计团队沉浸在长官的文化中，迅速了解员工队伍和项目目标。这种关系使得设计团队能够做出明智而准确的建议，从而在一个雄心勃勃的计划中实现了一个成功的项目。

项目地点：加拿大温哥华
面积：4656 平方米
设计公司：Perkins+Will
摄影师：Ema Peter, Kim Muise

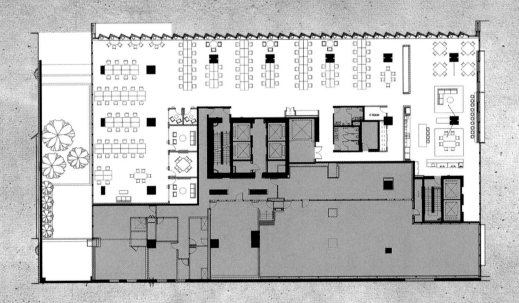

0 2.5 7.5 15m   四层平面布置图   Level 4

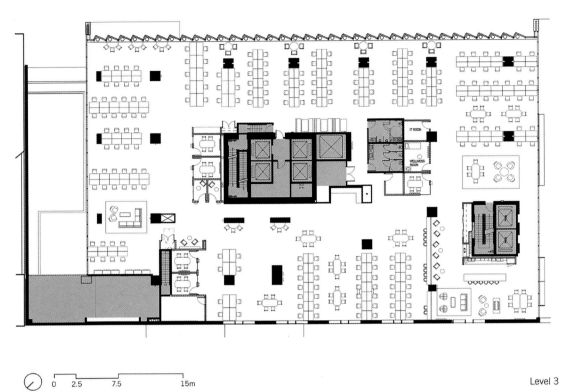

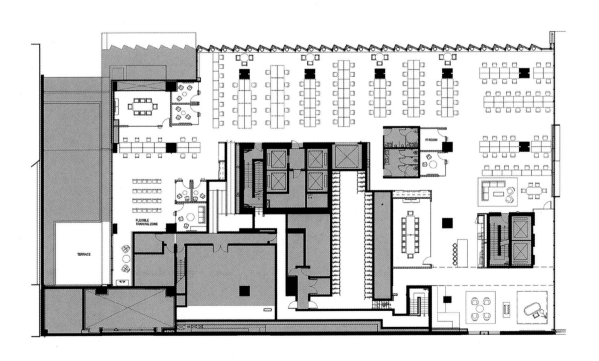

Level 3

三层平面布置图

Level 2

二层平面布置图

空间规划

整个方案的设计重点是在每层楼上设有独特的休息室和全套服务厨房。两层楼的厨房和休息区都安排在了光线条件最好的落地窗边，让员工休息时能够享受的美好的自然景观。休闲办公区、会议室、休息室都在鼓励员工团队间的协作与沟通，以保持高效的工作状态。

材料运用

建筑原有的混凝土天花板被保留，增加了空间的原始美观。悬挂空中的长木头与金属吊灯一起，展现出工业风的质朴与随性。茶水间采用木皮包覆，让人感到放松和亲切。会议室的玻璃墙面让空间可以获得更好的光线条件，同时打造出一个"透明"的职场环境。

自然采光

本案中，大片落地窗代替实体墙扩展了空间的视野，让窗外的景致融入办公室，让员工能在这样自然的氛围中放松工作。自然光源和人造光源共同为空间服务，玻璃代替实体墙划分空间的功能区域，让空间迎接自然光线的洗礼，营造出宽敞、明亮的办公空间。

设计说明

为了实现智能和有效的经济设计，该团队的战略是将大部分资源投入社会空间。最终，该方案提供了24种不同类型的工作空间，而不是单独的工作站，相当于每个专用工作站的0.8个替代工作位置的比例。

调查结果显示，台达员工中有83％的员工经常维持或大幅度增加了不定期的合作关系，85％的员工保持或增加了工作场所的幸福度。

Bench的创始人认为，他们的物理空间是他们企业文化的神器，而不是它的定义。与此同时，长凳的创新、协作和社区支持文化也在整个工作场所的设计中得到了体现。

Windward

主要材料
实木、清水模、清玻璃、文化石

公司总部

这家全球公司最出名的是他们在海事领域的数据和分析。该公司是该行业的先驱，因为他们创建了首个海上数据平台——"风心"。该平台的分析和组织是利用大数据和深厚的航运专业知识——全球海事数据，使其在各个垂直领域都可以访问和操作。从了解海上发生的事情，从单一的船到商品贸易的流动，这个平台对各行各业的决策提供了独特的见解。

项目地点：以色列特拉维夫

设计面积：1200 平方米

设计公司：Roy David Studio

摄影师：Yoav Gurin

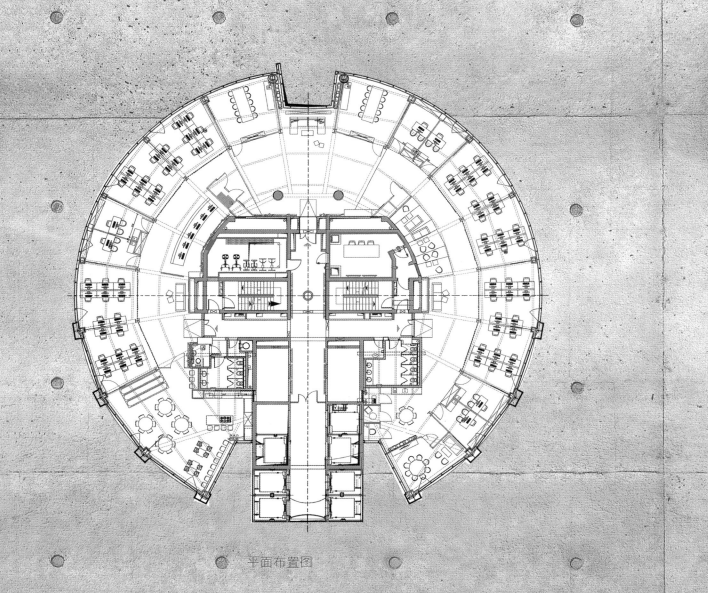

平面布置图

空间规划

整个空间呈现圆形的格局，办公区域围绕圆形展开，360度的美景环绕是最好的空间装饰。公共办公区仅仅用实木和玻璃隔离开来，保证光线通透的同时，也让不同的部门有自己的独立空间。会议室则是用玻璃做了全封闭的设计，为会议进行提供私密和安静环境。

设计说明

最近，Windward 公司为其在 360 Adgar 大厦高级 35 层的员工增加了 1200 平方米的空间。这家新公司的总部位于新成立的新兴商业中心，位于靠近诺基亚体育场的地标——东特拉维夫，并与罗伊戴维建筑工作室合作，获得的空间需要超越与海洋数据分析公司核心价值相同的语言。

"这个空间是智能设计的，所以它模仿了风公司的环境。我们想要改变我们的设计策略，这样空间就不会像一个豪华游艇设计，而是更吻合那些严酷的工业港口氛围。"罗伊大卫建筑的建筑师和创始人罗伊大卫解释道。

这个设计策略很好地植根于空间的规划。有了一个圆形的布局，这个空间提出了许多挑战，架构团队必须在两个月的时间内解决这个问题。作为整个设计过程的一部分，公司希望他们的布局是开放的。这一策略创建了一系列独特的技术方法，并与执行公司 Shin Angel 合作。从经过特别计算的开放声屏障到 14 个新锈金属柱的超结构，增加的每一个设计元素，使空间的功能性得到充分的满足。

"空间所具备的工业港口氛围与高端定制的办公家具元素之间形成对比，这些元素让这一空间与我们所做的其他项目不同。在使用 CNC 粗糙的工业金属元素、定制设计的分区、家具和灯具时，这个空间被设计成一种连贯的语言，这是由风公司的核心价值观和建筑工作室的愿景所决定的。"建筑师罗伊大卫补充道。

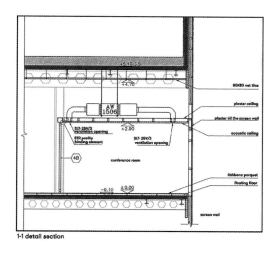

80X80 net tiles
plaster ceiling
plaster till the screen wall
acoustic ceiling
SLT-25V/3 ventilation opening
STR profile binding element
SLT-25V/3 ventilation opening
conference room
fishbone parquet
floating floor
screen wall

AW 1506
+5.10 -3.9
+4.70
+2.90
-0.10   ±0.00

1-1 detail section

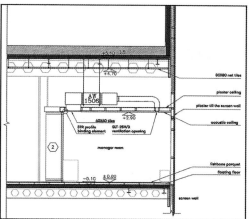

80X80 net tiles
plaster ceiling
plaster till the screen wall
acoustic ceiling
60X60 tiles
STR profile binding element
SLT-25V/3 ventilation opening
manager room
fishbone parquet
floating floor
screen wall

AW 1506
+5.10 -3.9
+4.70
+2.90
-0.10   ±0.00

2-2 detail section

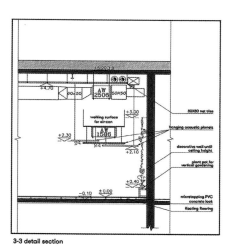

80X80 net tiles
walking surface for air-con
hanging acoustic panels
decorative wall until ceiling height
plant pot for vertical gardening
microtopping PVC concrete look
floating flooring

60x50   50x50
AW 1506
+5.20 -3.9
+4.70
+3.00
+2.30
+2.10
+0.40
-0.10   ±0.00

3-3 detail section

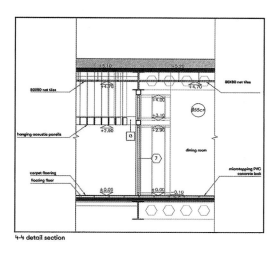

80X80 net tiles
80X80 net tiles
hanging acoustic panels
carpet flooring
floating floor
microtopping PVC concrete look

+5.10   +5.20
+4.70   +4.70
+4.00
+3.10
+2.90   +2.90
Ø55cm
dining room
±0.00   +0.00   -0.10

4-4 detail section

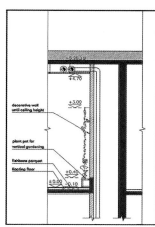

decorative wall until ceiling height
plant pot for vertical gardening
fishbone parquet
floating floor

+5.20 -3.9
+4.70
+3.00
+0.40
+0.00   -0.10

5-5 detail section

节点图 1

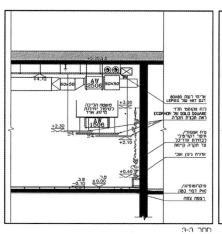

קיר מסך
shadow box
מושטח הליכה למיזוג יחידות
ECOPHON של SOLO SQUARE ראה תקרת חקרה
פה אמנותי/ חיפוי הקורסיבי לכבדזת ארדיכל פד תקרה קיימת
ארזית גינו אנכי
מיקרוטופינג/ PVC דמוי בטון
רצפה צפה

60x50   50x50
AW 1506
+5.20 -3.9
+4.70
+3.00
+2.30
+2.10
+0.40
-0.10   ±0.00

חתך 3-3

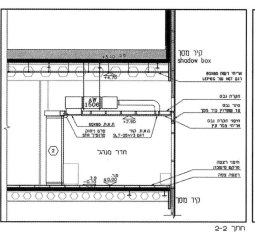

קיר מסך
shadow box
אריחי רצפ 80X80 LEPIEG של NET דגם
חקרת גבס
סיטו גבס עד שפריית קיר מסך
חיפוי תקרת גבס אריחי צמר עץ
חיפוי רצפה פרקט פישבון
רצפת צפה
קיר מסך

AW 1506
+5.10 -3.9
+4.70
+2.90
מ.א.ת. קווי SLT-25V/3 פרופיל פיונוק STR
-0.10   ±0.00
חדר מנהל

חתך 2-2

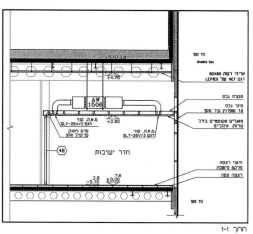

קיר מסך
shadow box
אריחי רצפ 80X80 LEPIEG של NET דגם
חקרת גבס
סיטו גבס עד שפריית קיר מסך
פנאלים אקוסטים בידל נגרות אינטגרלי
חיפוי רצפה פרקט פישבון
רצפת צפה
קיר מסך

AW 1506
+5.10 -3.9
+4.70
+2.90
מ.א.ת קווי דגם SLT-25V/3
חדר ישיבות

חתך 1-1

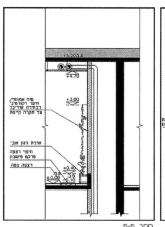

פה אמנותי/ חיפוי הקורסיבי לכבדזת ארדיכל פד תקרה קיימת
ארזית גינו אנכי
חיפוי רצפה פרקט פישבון
רצפה צפה

+5.20 -3.9
+4.70
+3.00
+0.40
+0.00   -0.10

חתך 5-5

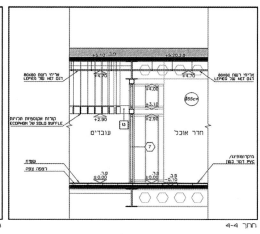

אריחי רצפ 80X80 LEPIEG של NET דגם
קורות אקוסטיות תבניות ECOPHON של SOLO TRUFFLE
מיקרוטופינג/ PVC דמוי בטון
רצפה צפה
עובדים
חדר אוכל

+5.10   +5.20
+4.70   +4.70
+4.00
+3.10
+2.90   +2.90
Ø55cm
+0.00   -0.10

חתך 4-4

节点图 2

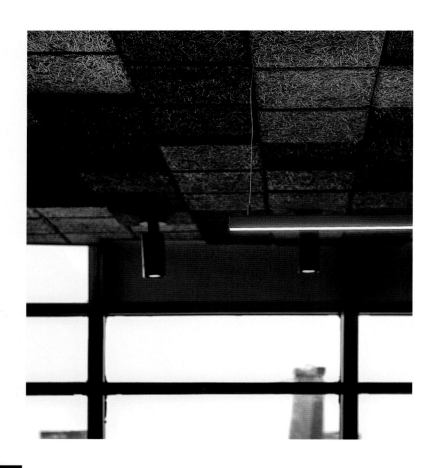

材料运用

本案中，家具和部分地面均使用了实木，为空间带来亲切、温暖的氛围。墙壁和另外一部分地面则使用了未经处理的混凝土，同样是天然不加修饰的材质，混凝土和实木给人完全不同的感觉，却有着天然、朴素的共性。空间之间还选用了大胆的锈蚀金属，呈现时间留下的痕迹。

上海三瑞

主要材料
超白发光玻璃、彩色玻璃、清玻璃、黑钢

高分子
办公空间

项目地点：上海市
设计公司：CCDI 卝智室内设计
主持设计：李秩宇
方案设计：浦玉珍 王欢 曾荟凡
深化设计：崔迪娜 杨彦铃
项目面积：2100 平方米

这是一个化学空间的营造故事，原公司位于上海徐汇功能材料产业园，考虑到长期发展规化，同时也是公司本身新旧时代的变迁，新公司搬迁至上海平福路聚鑫园产业园。

更新迭代的风潮比不过简约隽永的美学，空间设计宗旨非常明确：保持空间极限优势，放大视觉通透感，营造共享空间。

原建筑面积为 2100 平米左右的长方形体块，主要分为接待区、会议区、大学生创业品牌 109 咖啡店、校友之家、实验区，高分子办公区及合作方英泰办公区。

分子式元素图

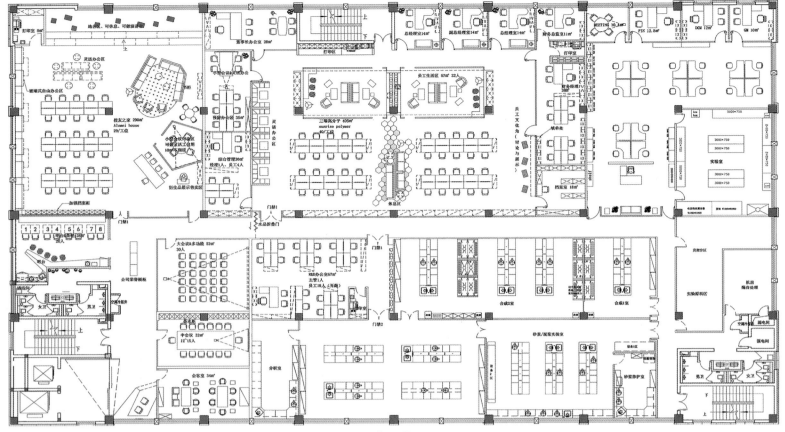

平面布置图

空间规划

空间三面窗户南北贯通，为了充分优化办公环境，保证光线、内外视野的充分交互，设计师大面积使用玻璃立面，以通透为立足点展开设计。充分通透的空间是感官的穿越，一边是严谨理性的科学实验室，一边是激情挥洒的灵感办公区，一扇玻璃从中隔开，创造冰火两重天的空间特质。

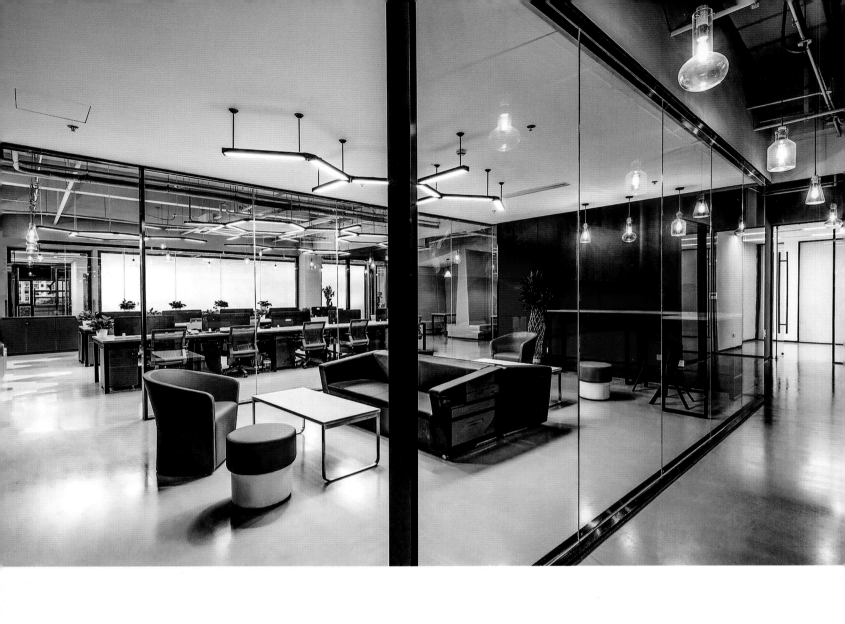

设计说明

办公区、会议区、地台区、休闲区，这些必不可少的模块组合既为办公形式带来多样化，同时也为这里碰撞出创意的火花创造无限可能。

南北向中部隔墙以大面落地玻璃营造通透性，人行走在纯粹立面中，还原的是思考的本质——"从无到有"。实践大于空谈，化工办公的实验区占整个办公区面积的四分之一，中间1800mm宽的走道连接办公区和实验室区，通透的玻璃外壳围观实验，内可观望整个办公区。

办公区也同样可以观望整个实验区。互为通透的视野纳入眼底的是户外大片的绿植，怡情的同时缓解员工视觉上的疲劳，天花六角不规则灯具向化学分子式致敬，呼应空间主题。

整面超白发光玻璃的运用，使得相对昏暗的走道变得晶莹剔透，超白玻璃的穿插运用成为整个办公区域的点睛之笔。

三瑞的企业创始人郑博士来自天津大学，作为天津大学上海校友会会长，新办公空间既要有现实，更要有梦想。校友之家是作为创客空间来定义的，它既承载着天津大学校友之家上海分会的相聚，又引领着创业大潮中一个个寂寂无名探索未来的莘莘学子。

作为高分子化工企业的办公空间，穿插着理性的延续与灵感的节奏、多元化的办公模式，将带来高效整洁的工作习惯。

位于高管办公及开放办公区中间位置的体闲会议区，既是员工休息的补给站，也是临时讨论会的便利场所。

分布于开敞办公区的两侧的讨论区及半围合卡座区丰富了空间语言，同时也为员工提供不同的协作沟通空间。

全开敞与半私密的环境相结合、摒弃的是传统办公模式。新时代的办公早已破除格子间的约束，这也是三瑞企业对传统模式的一次告别、也是探索新模式的起航。

软装配色

设计师从企业特有的化工属性中提取色调，黑、白、灰的色调关系，标示着企业的严谨态度和绝对理性的战略方向。开放式办公区旁是一排独立的休息区，橙色和玫红的运用打破空间的沉闷，营造活泼热情的空间感受。休闲区的墙壁选用了浩淼深邃的蓝色，工作间隙，员工可以在这里获得短暂的平静与放松。

灯饰照明

在员工90后比例逐渐壮大的发展势头下，办公空间的气质需要能够激发出新的化学分子式，创造出新的产品理念，因此设计师将灯饰设计成一个个化学分子式，垂吊一旁的吊灯犹如灵感之光，激发人更多的灵感与想象。会议室的光源则藏于天花内，一条条光带整齐排列，为空间带来秩序、严谨之感。

鸣 谢

排名不分先后

安道国际

水石设计 · 米川工作室

寸 -DESIGN

扑智建筑设计事务所设计

橙田设计

大观建筑设计事务所

Hypersity 工作室

水相设计

一十一建筑

普罗建筑

深圳超级番茄

CCD 智室内设计

几何空间设计

麻绳工作室（杭州寻常文化创意有限公司）

LLLab 设计实验室

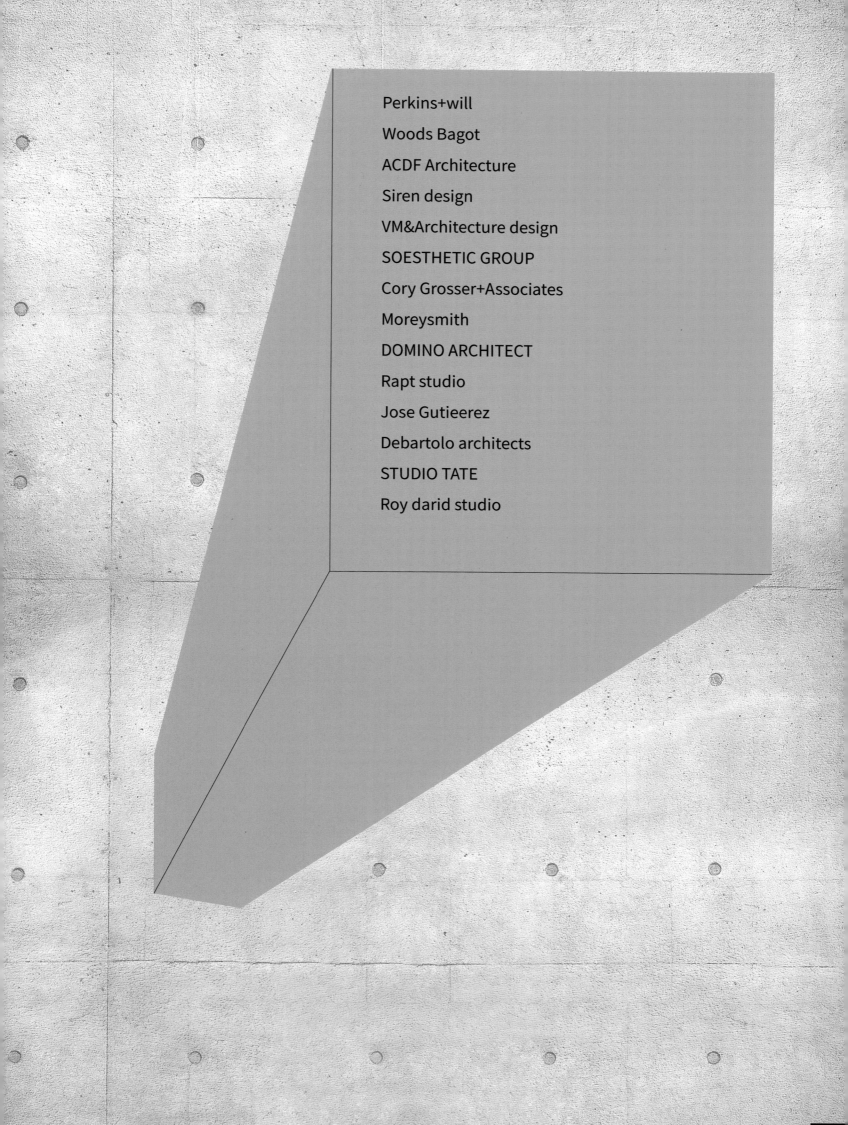

Perkins+will

Woods Bagot

ACDF Architecture

Siren design

VM&Architecture design

SOESTHETIC GROUP

Cory Grosser+Associates

Moreysmith

DOMINO ARCHITECT

Rapt studio

Jose Gutieerez

Debartolo architects

STUDIO TATE

Roy darid studio

图书在版编目（CIP）数据

创意园 + 工业风 / 先锋空间主编 . -- 北京 : 中国林业出版社 , 2018.2
ISBN 978-7-5038-9418-3

Ⅰ . ①创… Ⅱ . ①先… Ⅲ . ①商业建筑－建筑设计Ⅳ . ① TU247-64

中国版本图书馆 CIP 数据核字 (2018) 第 017944 号

创意园 + 工业风
主编 ： 先锋空间

中国林业出版社
责任编辑 : 李顺　薛瑞琦
出版咨询 :（010）83143569
——
出 版 : 中国林业出版社（100009 北京西城区德内大街刘海胡同 7 号）
网 站 : http://lycb.forestry.gov.cn/
印 刷 : 深圳市汇亿丰印刷有限科技有限公司
发 行 : 名筑图书有限公司
电 话 :（022）58603153
版 次 : 2018 年 2 月第 1 版
印 次 : 2018 年 2 月第 1 次
开 本 : 889mm×1194mm　1 / 16
印 张 : 20
字 数 : 200 千字
定 价 : 398.00 元